安全教育

（第二版）

JIAOYU ANQUAN

霍永旺◎主编

U0308542

中国劳动社会保障出版社

图书在版编目（CIP）数据

安全教育/霍永旺主编. -- 2 版. -- 北京：中国劳动社会保障出版社，2022
ISBN 978-7-5167-5335-4

Ⅰ.①安… Ⅱ.①霍… Ⅲ.①安全教育-技工学校-教材 Ⅳ.①X925

中国版本图书馆 CIP 数据核字（2022）第 065306 号

中国劳动社会保障出版社出版发行

（北京市惠新东街 1 号 邮政编码：100029）

*

北京市科星印刷有限责任公司印刷装订 新华书店经销

787 毫米×1092 毫米 16 开本 8.75 印张 178 千字
2022 年 6 月第 2 版 2022 年 6 月第 1 次印刷
定价：18.00 元

读者服务部电话：（010）64929211/84209101/64921644
营销中心电话：（010）64962347
出版社网址：http://www.class.com.cn
http://jg.class.com.cn

前　言

安全教育关系到亿万个家庭的幸福。近年来，将安全教育作为教育教学的重要内容已成为教育界的共识。党的十九大报告提出："树立安全发展理念，弘扬生命至上、安全第一的思想，健全公共安全体系，完善安全生产责任制，坚决遏制重特大安全事故，提升防灾减灾救灾能力。"技工教育作为职业教育的重要组成部分，具有理论知识和实际操作并重的教学特点，而且学生大都处于未成年阶段，缺乏必要的安全意识、知识和技能，因此，对学生进行安全教育显得更加重要。为此，我们组织常年从事安全教育教学指导的教师编写了《安全教育》（第二版）一书，作为技工院校安全教育的教材。

本书从食品安全、网络安全、治安安全、消防安全、交通安全、自然灾害和常见意外伤害、疾病防控、心理健康、学生实习安全等方面，结合相关法律法规系统地介绍了安全常识、安全隐患预防、安全事故处理与逃生等方面的知识，旨在增强学生的安全防范意识，提高自我保护能力。通过本书的学习，学生能掌握和具备一定的安全知识、技能，在日常生活、学习和社会实践中，防患于未然；在面临突发事故、灾害或其他危险时，能采取合理措施，避免人身伤害，降低财产损失。本书集知识性、实用性于一体，通俗易懂，图文并茂，穿插大量真实案例，适合技工院校学生学习使用。

本书由天津市职业技能鉴定指导中心（天津市职业技能培训研究室）霍永旺主编，蔺树亮、李淑丽任副主编，曹彧、陈辉、刘超参与编写。李淑丽负责第一章的编写，曹彧负责第二、七、八章的编写，陈辉负责第三、四章的编写，刘超负责第五、六、九章的编写。

2022 年 3 月

目　　录

第一章　食品安全

第一节　食品安全基本知识

常言道："民以食为天，食以安为先。"食品是人类生存的第一需要，食品安全直接关系到人们的身体健康，关系到子孙后代的幸福和民族的兴旺昌盛。近年来，社会上不断曝光各类食品安全事件，使食品安全问题受到大众的广泛关注。了解食品安全知识，预防食物中毒，才能减少有害食品可能对我们造成的伤害。

一、食品安全

1. 食品和食品安全

食品是指各种供人们食用或饮用的成品和原料，以及按照传统既是食品又是中药材的物品，但是不包括以治疗为目的的物品。

食品安全是指食品应当无毒、无害，能够满足人们的营养需求，对人体健康不造成任何急性、亚急性或慢性危害。世界卫生组织指出：食品安全问题就是食物中有毒、有害物质对人体健康造成影响的公共问题。据有关统计数据显示，食品安全事件主要集中发生在食品加工和制造环节，约占事件总数的 65%。震惊全国的三聚氰胺、苏丹红、瘦肉精，以及假调料等事件，均是在食品的加工和制造环节出现的问题。

食品安全的含义有三个层次：一是食品数量安全，二是食品质量安全，三是食品可持续安全。其中，食品质量安全直接关系到每个人的身体健康。

2. 食品质量安全

食品质量安全是指食品在营养、卫生方面满足和保障人们的健康需要。食品质量安全涉及食品是否被污染、添加剂是否违规超标、食品标签是否规范等问题。

（1）食品污染导致的质量安全问题。如生物性污染（抗生素、激素或其他有害物质残留于禽、畜、水产品体内，微生物、寄生虫等对食品的污染）、化学性污染（化肥、农药等对人体有害的物质残留于农产品中）、物理性污染（放射性污染和产储运销过程中的杂物污染）等。

（2）食品工业技术发展带来的质量安全问题。如食品添加剂等带来的食品安全隐患。

食品添加剂是为改善食品的品质和色、香、味，以及为防腐、保鲜和加工工艺的需要而加入食品中的人工合成或者天然物质，包括营养强化剂。我国的食品添加剂主要有增味剂、消泡剂、膨松剂、着色剂、防腐剂等。食品添加剂有利于食品的保存，防止食品腐败变质。

国家对食品添加剂生产实行许可制度，食品添加剂按照规定使用一般不会对人体产生伤害。但是，如在食品加工过程中使用了超过国家相关标准的食品添加剂，或者消费者长期、过量食用含有食品添加剂的食品，也会对身体健康产生不良影响。

> 【案例】某市市场监管部门对某食品有限公司例行监督检查，对"里脊肉串""蒙古肉串"等产品现场抽样送检。送检结果显示，有1批次"蒙古肉串"检出"日落黄"，有3批次"里脊肉串"检出"诱惑红"。经查，该企业为了使肉串"卖相"更好，在"蒙古肉串""里脊肉串"生产加工过程中超范围使用食品添加剂"日落黄""诱惑红"。上述不合格速冻肉串共13 191箱，涉案金额180余万元。
>
> 在速冻调制食品中添加"日落黄"和"诱惑红"，违反了《中华人民共和国食品安全法》（以下简称《食品安全法》）及《食品安全国家标准 食品添加剂使用标准》（GB 2760—2014）规定。依据《最高人民法院、最高人民检察院关于办理危害食品安全刑事案件适用法律若干问题的解释》，该企业相关责任人涉嫌构成生产、销售不符合食品安全标准食品罪。

（3）滥用食品标识。如伪造食品标识、缺少警示说明、虚假标注食品功能或成分、进口食品缺少中文食品标识等。

二、安全食品

1. 安全食品的定义

安全食品有广义和狭义之分。广义的安全食品是指长期正常使用不会对身体产生阶段性或持续性危害的食品；狭义的安全食品是指按照一定的规程生产，符合营养、卫生等各方面标准的食品。简单地讲，安全食品就是可以放心食用、对身体无害的食品。

2. 安全食品的种类

在我国，安全食品主要包括放心菜、无公害农产品、绿色食品和有机食品。

（1）放心菜。放心菜是老百姓针对有毒蔬菜而产生的"口头语"，也成为多年来蔬菜生产的一个新概念，是指蔬菜农药残留量没有超过规定的标准，吃后不会引起中毒事故发生的蔬菜，也是对蔬菜生产的最低要求。

（2）无公害农产品。无公害农产品是指生产地的环境、生产过程和产品质量符合一定标准和规范要求，并经过认证合格，获得认证证书，允许使用无公害农产品标志的，没有经过加工或者经过初加工的食用农产品。无公害农产品是中国普通农产品的质量水平。无公害农产品的质量指标主要包括两个方面，即产品中重金属含量和农药（兽药）残留量都要符合规定的标准。

（3）绿色食品。绿色食品是指无农药残留、无污染、无公害、无激素的安全、优质、营养类食品。绿色食品比无公害农产品要求更严、食品安全程度更高，是按照特定的生产方式生产，经过专门的认证机构认定，许可使用绿色食品商标标志的安全食品。绿色食品又分为 A 级和 AA 级两大类。AA 级绿色食品由于生产标准更高，安全性要优于 A 级绿色食品。

（4）有机食品。有机食品是安全食品中最高档、最安全、价格最高的安全食品。有机食品是根据有机农业原则和有机产品的生产、加工标准生产出来的，是在完全不用人工合成的肥料、农药、生长调节剂和饲料添加剂的生产体系下生产出的农副产品。

3. 如何挑选安全食品

（1）选购带有国家认证标志的食品。如 QS（企业食品生产许可）标志、无公害农产品标志、绿色食品标志、有机食品标志，如图 1-1 所示。自 2018 年 10 月 1 日起，QS 标志将被由"SC"（"生产"的汉语拼音缩写）和 14 位阿拉伯数字组成的生产许可编号取代。

图 1-1　安全食品标志

a）QS（企业食品生产许可）标志　b）无公害农产品标志　c）绿色食品标志　d）有机食品标志

（2）用感官初步鉴别。鉴别食品是否腐败变质、油脂酸败、霉变、生虫、污秽不洁、混有异物或者有其他异常。

（3）仔细查看包装。观察包装有没有破损，印刷是否正规，避免买到被污染或者假冒的食品。

（4）查看说明和标签。标签涵盖了产品的许多重要信息，对于消费者来说应当注意以下几点。

1）查看食品的生产日期和保质期，确保购买的食品在保质期内。

2）查看食品的名称是否使用国家标准、行业标准中规定的名称；如果没有规定的，应当使用不会引起消费者误解和混淆的常用名称或者俗名。不要被企业使用的新创名称、奇特名称、音译名称、牌号名称、地区俚语名称或者商标名称等所迷惑，应当注意在标签中能反映食品真实属性的名称。如果汁、果汁饮料、水果饮料等几种商品名称，看似相近，实际上商品之间却存在着本质区别。

3）查看食品配料中的添加剂标注情况。我国《食品安全法》明确规定，食品标签应标明所使用的食品添加剂在国家标准中的通用名称。食品中只要使用了食品添加剂，就必须在标签上明示。如果购买专供婴幼儿或其他特定人群的主辅食品，其标签还应当标明主要营养成分及其含量。

此外，要尽量去正规超市、商场或商店购买食品。正规超市、商场或商店对进货渠道把关比较严，产品质量比较有保证。同时，要注意收集政府部门在媒体上发布的食品质量信息。发现食品质量问题要及时向销售商、生产企业或者质监部门投诉，投诉电话号码为"12315"，用法律手段维护自己的正当权益。

第二节　培养健康饮食习惯

饮食习惯是指人们对食品和饮品的偏好，其中包括对饮食材料、烹调方法、烹调风味及佐料的偏好。健康饮食习惯可使人体健康地生长、发育；不良饮食习惯则会导致人体正常的生理功能紊乱，甚至罹患疾病。

一、不良饮食习惯

不良饮食习惯是指在饮食上存在不科学、不规律、不合理的膳食习惯。不良饮食习惯会对人体产生诸多负面影响，给身体带来很大伤害，甚至会引发疾病。常见的不良饮食习惯有以下几种。

1. 经常吃不健康食品

不健康食品主要包括膨化食品、油炸食品、甜食、加工类肉制品、烧烤类食品和腌制类食品等。

（1）膨化食品。膨化食品是一种以谷物、薯类或豆类为主要原料，经焙烤、油炸、微波或挤压等方式膨化而制成的，体积明显增大、具有一定酥松度的食品，如爆米花、雪饼、薯片、虾条、虾片等。由于膨化食品中铅、铝、糖的含量往往较高，过度食用会影响人的食欲，同时容易引起肥胖，还可能出现贫血、呕吐、厌食、精神呆滞等症状，甚至损害人体大脑的正常功能。

（2）油炸食品。如油条、油饼、炸薯条、炸面包、炸丸子等。常吃油炸食品会干扰人体正常新陈代谢，增加患心血管疾病的危险，导致患糖尿病、软骨病、骨质疏松症的风险增加。油在高温下反复使用还会产生一种致癌物质。

（3）甜食。如糖果和高糖分的饼干、蛋糕、巧克力、点心、罐头、面包、饮料类等。

常吃甜食可导致肥胖，易诱发糖尿病，引发内分泌疾病，人容易感到疲劳，易患骨质疏松，免疫力降低。

（4）加工类肉制品。如腊肉、卤肉、火腿、香肠、牛肉干、肉松、肉罐头等。这类食品一般都含有亚硝酸盐、增色剂、防腐剂、保色剂等化学制剂，常吃会增加肝脏负担，导致肝细胞损伤，还易造成血压波动，损害肾功能，甚至有诱发癌症的潜在风险。

（5）烧烤类食品。如烤羊肉串、烤蔬菜、烤海鲜、烤鸭、烤鸡等。烧烤类食品是很多人尤其是青少年的最爱，可是烧烤类食品的危害很大，常吃烧烤类食品有感染寄生虫疾病的危险，还易诱发胃癌、肠癌等多种恶性肿瘤。

（6）腌制类食品。如腌制咸菜、腌制腊肉、咸鱼、咸鸭蛋等。经常吃腌制类食品会导致人体缺乏维生素 C。腌制类食品中大量的盐分会增加肾脏负担，增加发生高血压的风险。

2. 不吃早餐

很多青少年学生和上班族为了赶时间上学或上班，常常忽略了吃早餐。经常不吃早餐会对身体造成很大危害。

（1）经常不吃早餐容易患消化道疾病。早餐吃不好，午饭必然多吃，容易造成胃肠道负担过重，导致胃溃疡、胃炎、消化不良等疾病。

（2）不吃早餐会削弱大脑功能，影响大脑发育，甚至影响智力。整个上午处于空腹状态时，大脑会出现功能障碍，容易出现头晕、注意力不集中、记忆力减退的现象，大脑容易疲劳。长期如此甚至会导致智力下降。

（3）长期不吃早餐还容易患胆结石。

3. 偏食

偏食是指对某一类食物表现喜厌的不良习惯，如好多青少年不喜欢吃蔬菜，而偏爱肉食，有些则相反。

偏食的主要危害：营养不良，食欲不佳，肠胃不好，身体素质不好，抵抗力差，易生病，影响长高；影响智力发育，导致智力下降，注意力不集中，还可能出现极端性格。

4. 暴饮暴食

暴饮暴食是一种不良的饮食习惯，严重的可发展成暴食症。暴饮暴食危害很多，如导致身体疲劳、神经衰弱、肥胖，易患胃病、肠道疾病、肾病、急性胰腺炎、骨质疏松，甚至增加患癌风险。

5. 酗酒

酗酒是指长期或大量饮酒。酗酒对身体危害很大，尤其对于未成年人来说，酗酒对身体的伤害更严重。

（1）对肝脏的伤害。酒精中的乙醇对肝脏的伤害是最直接也是最大的。未成年人的身体正处在生长发育期，身体各个器官都还不成熟，长期或大量饮酒易导致酒精中毒以及脂肪肝、肝硬化、胰腺炎等疾病。

（2）降低人体免疫力。饮酒后人体毛细血管扩张，散热增加，抵抗力下降，容易患感冒、肺炎等疾病。

（3）伤害大脑功能。大量饮酒会伤害大脑功能，导致记忆力下降，影响学习和工作，严重的还会使智商下降。

（4）酒后容易滋事。大量饮酒后，人的意识行为不受控制，遇事冲动不能自制，容易酿成意想不到的后果。

6. 饮用生水

生水通常是指未经煮沸过的水，包括自来水、河水、溪水、井水、库水等。生水中可能含有一些致病微生物、化学污染、氯气等，饮用后易感染疾病。日常饮水要以煮开后的水为主。水经过煮沸，里边的致病微生物会被高温杀死，部分化学物质和氯气也可以加热分解或蒸发掉，大大降低或消除人体致病的可能性。

7. 过量饮用碳酸饮料

碳酸饮料的主要成分一般包括碳酸水、柠檬酸等酸性物质，还有白糖、香料。一些碳酸饮料还含有咖啡因、人工色素等。除了糖类，碳酸饮料几乎不含营养素。常见的碳酸饮料有各种汽水、可乐等。长期或过量以碳酸饮料代替水饮用，会对身体产生很大危害，如易导致骨质疏松、消化系统受损、牙齿腐损，还会导致肥胖，甚至引发糖尿病。

二、健康饮食习惯

1. 饮食要有规律

每个人的饮食习惯会根据每日作息、生活习惯和季节不同而异，一日三餐是基本的饮食规律。食物进入胃以后，在正常情况下，4~5 h 就可以消化，早、中、晚三餐刚好适应胃的消化机能。同时，一日三餐要定时定量，防止暴饮暴食。一般提倡"早餐吃好，午餐吃饱，晚餐吃少"。一日三餐的热量分配：早餐摄入总热量应占全天的 25%~30%，午餐占 40%~50%，晚餐占 20%~35%。因为上午要学习或工作，不吃早餐就去上学或上班，会使机体热量不足，精力不足，容易疲劳，严重的会头晕无力，影响身体健康和学习、工作的效果。晚餐不要吃得太饱，以免增加胃的负担，影响睡眠。

【案例】某职业学校学生王某，由于走读不住校，早晨为了不迟到，经常不吃早餐，直接去上课，中午在路边小摊随便吃点，晚上回家吃得比较丰盛。2021 年 3 月，王某经常胃胀、恶心、反酸，才在家人陪伴下就医。医生给王某做了胃镜检查，发现她胃溃疡很严重，引发了胃出血。医生表示，王某的胃溃疡是由于不良饮食习惯和长期在路边小摊就餐，饮食不规律，这种情况也是导致学生群体胃病高发的原因之一。以前认为，中老年人群中胃病高发，如今根据临床经验，胃病患者有逐渐年轻化的趋势。

2. 合理搭配膳食

合理搭配膳食，提倡食物混食、粗细搭配。粗粮、细粮、荤菜、素菜相互搭配，混合食用的营养价值要比单吃一种食物高。鸡鸭鱼肉虽然都含有优质蛋白质，但无法满足机体对其他营养素的需求，而各种蔬菜中所含的大量维生素、无机盐和纤维素等成分，恰好弥补了这方面不足，所以膳食中必须注意荤素搭配。成年人及青少年学生每天应吃 300～500 g 蔬菜，品种越多越好。比较合理的膳食结构可以参考"营养金字塔"，如图 1-2 所示。

图 1-2　营养金字塔

3. 注意个人饮食卫生

（1）讲究个人卫生，养成饭前、便后洗手的良好习惯。

（2）不用不洁容器盛装食品，自己用过的餐具要洗净消毒，不乱扔垃圾，防止蚊蝇滋生。

（3）打开包装食品时，要检查食品是否具有它应有的感官性状。

（4）不到无证摊贩处用餐，不饮酒，不饮生水，少喝冷饮，少吃冰冻食品。

（5）多吃新鲜水果、蔬菜、含蛋白质高的食物，少吃油炸、腌制等不健康食品。

（6）营造好的饮食环境，保持室内清洁、通风。

4. 注意运动前后饮食卫生

在我们学习和生活之余，常会参加各种体育活动，在进行比较剧烈的体育活动前后，要注意饮食时间和饮食品种的恰当安排，如果不注意就可能出现身体不适。

（1）运动和吃饭时间要安排得当。如果在剧烈运动后很快就吃饭，可能会引起消化不良，患慢性肠胃病。一般来说，运动后应休息 20～30 min 后再吃东西。

（2）饭后不宜立即进行剧烈运动。饭后立即进行剧烈运动，毛细血管大量开放，血液较集中供应运动器官，而减少了胃肠的血液供给，增加了消化道患病的风险。

（3）运动后不要大量喝冷饮、吃冷食。运动刚刚结束时，由于体温升高，大量流汗，人们往往为了一时痛快，大量喝冷饮、吃冷食，结果肠胃因受到刺激而功能紊乱，极易引起腹泻、腹痛。

（4）长时间运动应及时补水。人体进行长时间的运动后会失去大量水分，影响身体正常的生理机能。补充水分的方法最好是少量多次饮水。运动中每隔 15～20 min 饮水 100～150 ml，这样既可以及时保持体内水分平衡，又不增加心脏和胃的负担。

【案例】南京 16 岁的学生秦某，周末打篮球。没吃晚饭的他在剧烈运动之后喝了一大瓶冰镇饮料，没过多久就腹痛难忍，被送到医院。经医生检查，发现其胃十二指肠溃疡急性穿孔。医生说，该学生以往就有胃十二指肠溃疡，没吃晚饭的情况下在剧烈运动后喝大量冰镇饮料，导致原有溃疡穿孔。幸好抢救及时，秦某脱险。

剧烈运动之后，要缓步走一走，平稳一下情绪和身体机能，然后适量补充一些水分，千万不能立即停下来休息，不能喝冷水或吃冷食，也不能马上洗澡、游泳、吹风或用空调等。

第三节　食物中毒的防治

一、食源性疾病

凡是通过摄食进入人体的各种致病因素引起的，通常具有感染性或中毒性的一类疾病，称为食源性疾病。换句话说，食源性疾病是指通过食物传播的方式和途径致使病原物质进入人体而引发的感染或中毒性疾病。食源性疾病一般可分为感染性和中毒性，包括常见的食物中毒、肠道传染病（如痢疾）、人畜共患传染病（如口蹄疫）、寄生虫病（如旋毛虫病），以及化学性有毒有害物质引起的疾病。食源性疾病的发病率居各类疾病总发病率的前列，是目前世界上最突出的卫生问题之一。

二、食物中毒

食物中毒是食源性疾病中的一种，是指人体摄入了含有生物性、化学性有毒有害物质后，或把有毒有害物质当作食物摄入后所出现的非传染性的急性或亚急性疾病。食物中毒既不包括因饮食不当而引起的急性胃肠炎、食源性肠道传染病和寄生虫病（如囊虫病），也不包括因一次大量或者长期少量摄入某些有毒有害物质而引起的以慢性毒性为主要特征（如致畸、致癌、致突变）的疾病。

1. 食物中毒的分类

按照引起食物中毒的原因不同，食物中毒主要分为以下几类。

（1）细菌性食物中毒。据有关统计资料表明，细菌性食物中毒占食物中毒总数的50%左右，而动物性食品是引起细菌性食物中毒的主要食品，其中肉类及熟肉制品居首位，特别是变质禽肉和病死畜肉。这种中毒多发生在夏季。

（2）真菌性食物中毒。真菌在谷物或其他食品中生长繁殖，产生有毒的代谢产物，人和动物食用这种毒性物质会发生中毒。用一般的烹调方法（如加热）处理，不能破坏食品中的真菌毒素。

（3）动物性食物中毒。引起动物性食物中毒的食品主要有两种，一种是将天然含有有毒成分的动物或动物的某一部分当作食品，另一种是在一定条件下产生了大量有毒成分的可食动物性食品。容易引起此类食物中毒的食品主要有河豚、鲐鱼、鱼胆、动物甲状腺（动物血脖肉、喉头气管）等。

（4）植物性食物中毒。植物性食物中毒一般因误食有毒植物或有毒的植物种子，或因烹调加工方法不当，没有把植物中的有毒物质去掉而引起。植物性食物中毒主要有以下3种。

1）将天然含有有毒成分的植物或其加工制品当作食品，如桐油、大麻油等。

2）在食品加工过程中，将未能破坏或除去有毒成分的植物当作食品食用，如未去毒处理木薯、苦杏仁等。

3）在一定条件下，不当食用大量有毒成分的植物性食品，如食用鲜黄花菜、发芽马铃薯、未腌制好的咸菜或未烧熟的扁豆等造成中毒。

最常见的植物性食物中毒为食用未熟豆角、毒蘑菇、未去毒处理木薯中毒。可能导致死亡的食物中毒有食用毒蘑菇、发芽马铃薯、曼陀罗、苦杏仁、桐油等。

（5）化学性食物中毒。化学性食物中毒指健康人经口摄入了正常数量且感官无异常、但含有较大量化学性有害物的食物后，引起身体出现急性中毒的现象，主要包括：①误食被有毒有害化学物质污染的食品；②因添加非食品级的或伪造的或禁止使用的食品添加剂、营养强化剂的食品，以及超量使用食品添加剂而导致的食物中毒；③因储藏不当等原因，造成营养素发生化学变化的食品，如油脂酸败造成的中毒。

【案例】一天，某校学生和教师相继出现恶心、呕吐、腹痛、头晕等身体不适症状。有关部门接到报告后，立即将出现症状的人员第一时间送往医院紧急诊治，同时进行全面排查。市中心医院、中医院等5家医院先后共收治该校疑似食物中毒住院患者95人。经市疾控中心综合病例临床表现、症状体征、流行病学调查，排除微生物、化学性毒物污染导致食物中毒，最终确认此次事件为食用未加工熟透的扁豆导致的有毒植物食物中毒事件。

2. 食物中毒的症状

食物中毒者最常见的症状是剧烈的呕吐、腹泻，同时伴有中上腹部疼痛。食物中毒者常会因上吐下泻而出现脱水症状，如口干、眼窝下陷、皮肤弹性消失、肢体冰凉、脉搏细弱、血压降低等，最后可致休克，甚至死亡。

3. 食物中毒的特点

（1）发病呈暴发性。潜伏期短，来势急剧，短时间内可有多人发病。

（2）具有相似的临床症状。中毒者一般都有相似的症状，多表现为恶心、呕吐、腹痛、腹泻等消化道症状。

（3）发病与食物有关。患者在近期内都食用过同样的食物，发病范围局限在食用该类食物的人群。停止食用该食物后，中毒者人数很快停止增长。

（4）食物中毒不具有传染性，不存在人与人的传染过程。

4. 食物中毒的预防

食物中毒的发生多为群体性中毒，多发生在学校、企事业单位食堂，家庭就餐也偶有发生。不论是家庭、学校、企事业单位食堂，做好食物中毒预防工作都尤为重要。

（1）保持厨房环境和就餐用具的清洁卫生。

（2）选择新鲜、安全的食品和食品原料。切勿购买和食用腐败变质、过期和来源不明的食品，切勿食用发芽马铃薯、野生蘑菇、河豚等含有或可能含有有毒有害物质的原料加工制作的食品。

（3）蔬菜按一洗、二浸、三烫、四熟的顺序操作处理。

（4）肉及家禽在冷冻之前按食用量分切，烹调前充分解冻。

（5）彻底加热食品，特别是肉、奶、蛋及其制品，四季豆、芸豆角、豆浆等应烧熟煮透。

（6）烹调后的食品应在 2 h 内食用。

（7）妥善储存食品。食品储存在密封容器内，生、熟食品分开存放，新鲜食物和剩余食物不要混放。提前做好的食品和需要保存的剩余食品，需要存放在高于 60 ℃ 或低于 10 ℃ 的条件下。

（8）经冷藏保存的熟食和剩余食品及外购的熟肉制品，食用前应彻底加热，食物内部温度必须达到 70 ℃，并至少维持 2 min。

（9）养成良好的卫生习惯。严把"病从口入"关，勤洗手，不喝生水。

（10）生吃瓜果要洗净。瓜果蔬菜在生长过程中不仅会沾染病菌、病毒、寄生虫卵，还有残留的农药、杀虫剂等。如果不清洗干净，不仅可能染上疾病，还可能造成农药中毒。

（11）不光顾无证、无照的流动摊点和卫生条件差的饮食店。

（12）在商店购买食品、饮料时，要特别注意生产日期和保质期，不购买、不食用过期食品、饮料。

5. 食物中毒的处理方法

一旦有人出现上吐下泻、腹痛等食物中毒症状，千万不要不知所措，要冷静分析引起食物中毒的原因，根据引发中毒的食物和进食时间的长短，采取以下紧急处理措施。

（1）催吐。如果服用时间在 1~2 h，可使用催吐的方法。立即取食盐 20 g 加开水 200 ml 溶化，冷却后一次喝下，如果不吐，可多喝几次，促进呕吐。也可用鲜生姜 100 g 捣碎取汁，用 200 ml 温水冲服。如果吃下去的是变质的肉类食品，则可服用十滴水来促使呕吐，还可用筷子、手指等刺激咽喉引发呕吐。

（2）导泻。如果患者吃下去的中毒食物时间较长（超过 2 h），而且精神较好，可采用服用泻药的方式，促使有毒食物排出体外。用大黄、番泻叶煎服或用开水冲服，都能达到导泻排毒的目的。

（3）解毒。如果是吃了变质的鱼、虾、蟹等引起的食物中毒，可取食醋 100 ml 加水 200 ml，稀释后一次服下。此外，还可采用紫苏 30 g、生甘草 10 g 一次煎服。若是误食了变质的饮料或防腐剂，最好的急救方法是灌服鲜牛奶或其他含蛋白的饮料。

（4）保留食物样本。由于确定中毒物质对治疗来说至关重要，因此，在发生食物中毒后，要保存导致中毒的食物样本，如果身边没有食物样本，也可保留患者的呕吐物和排泄物，以方便医生确诊和救治。

当然，这些紧急处理措施只是为治疗急性食物中毒争取时间。在紧急处理后，若患者症状不见好转，应立即送往医院进行治疗。

第二章　网络安全

　　互联网技术在我国发展至今虽然只有短短的二十几年时间，却已经成为人们日常生活、学习中不可或缺的一部分。当前，以数字化转型驱动生产方式、生活方式和治理方式变革，正在成为引领我国未来经济发展的重要方向。网络为我们提供了极其丰富的信息资源和广阔的学习空间，成为广大青少年学习知识、休闲娱乐、互动交流、自我展示和消费的重要平台。据统计，截至 2021 年 6 月，我国网民规模达 10.11 亿人，普及率达到 71.6%，超过全球平均水平 6 个百分点。其中，10~19 岁网民占 12.3%。

　　网络在给我们带来极大便利和享受的同时，它的安全隐患也不断显露出来。比如，有的青少年沉迷网络不能自拔或网络交友不慎尝尽苦果，有的由于个人信息泄露导致财产遭受损失。这些网络不安全因素直接危害我们的生活和学习，甚至威胁到生命安全。《中华人民共和国网络安全法》规定："国家倡导诚实守信、健康文明的网络行为，推动传播社会主义核心价值观，采取措施提高全社会的网络安全意识和水平，形成全社会共同参与促进网络安全的良好环境。"

第一节　远离网瘾

　　网瘾（网络成瘾）又称网络过度使用症，是指上网者由于长时间和习惯性地沉浸在网络时空当中，对互联网产生强烈的依赖，以至于达到了痴迷的程度而难以自我解脱的行为和心理状态。网瘾是心理疾病，其基本症状是上网时间失控、欲罢不能，可以不吃饭不睡觉，但是不能不上网。患者即使意识到问题的严重性，仍无法自控。随着互联网使用人数的急速攀升，网络成瘾的社会危害性正在被人们逐渐重视。

　　典型的网络成瘾患者常表现为反应过度、情绪低落、头昏眼花、双手颤抖、疲乏无力、食欲不振等。心理学家杨格提出诊断网络成瘾的 10 条标准：①上网时全神贯注，不上网时念念不忘"网事"；②总嫌上网时间太少而不满足；③无法控制自己的上网行为；④一旦减少上网时间就会烦躁不安；⑤一上网就能消除种种不愉快情绪，精神亢奋；⑥为了上网而荒废学业和事业；⑦因上网放弃重要的人际交往、工作等；⑧不惜支付巨额上网费用；⑨对亲友掩盖自己频频上网的行为；⑩有孤寂失落感。杨格认为，上述 10 种情况在 1 年间只要有过 4 种以上便可诊断为网瘾。

正常上网者和网瘾者的区别在于，前者能自我控制、自我约束，不影响正常学习和正常生活，不上网时也情绪如常，不会出现六神无主、坐立不安的戒断症状。

一、网瘾的危害

网瘾会给人们带来身体、心理、行为上的多方面危害，这种危害对青少年影响更大。

1. 网瘾对身体的影响

青少年患上网瘾后，可导致情绪低落、视力下降、肩背肌肉劳损、生活节奏紊乱、食欲不振、消化不良、免疫功能下降。停止上网则出现失眠、头痛、注意力不集中、消化不良、恶心厌食、体重下降等症状。由于上网时间过长，大脑高度兴奋，导致一系列复杂的生理变化，尤其是植物神经功能紊乱，易诱发焦虑症、抑郁症等。青少年正处在身体发育的关键时期，这些问题的出现会对他们的身体健康和成长发育产生极大的不良影响。

【案例】江苏 16 岁的乐乐（化名）是一名学生，在学校时经常逃课上网，一上就是一天，有时候班主任也找不到他，找到他批评教育之后还是一样。乐乐喜欢玩网游，在游戏里面"赚钱"，这让他感到十分快乐。在游戏里，他有一群小伙伴，称他为"大哥"，这让他感到十分满足。4 月 29 日晚 7 点多，乐乐又逃课到一家网吧上网并玩起网游，这次他在网吧前后上网 19 个小时，后来感到实在太累了，就在 4 月 30 日下午 2 点多倒在沙发上休息。到 5 月 2 日上午 7 点多，网吧的工作人员发现，睡了一天两夜的乐乐还没醒来，怎么喊也喊不醒，觉得有点不对劲，立即报警。救护车来了之后，经检查确认乐乐已经死亡。

2. 网瘾对心理的影响

长时间上网会使青少年迷恋于虚拟世界，导致自我封闭，与现实产生隔阂，不愿与人面对面交往，导致逻辑思维活动迟钝，对日常工作、学习和生活兴趣减少，因不能面对现实，会产生情绪低落、遇事悲观、态度消极等现象，导致精神障碍、心理异常等问题和疾病。在日常生活、学习和工作中常常表现得举止失常、神情恍惚、胡言乱语、性格怪异等。

3. 网瘾对行为的影响

网瘾对青少年最直接的危害是影响正常学习，使他们不能集中精力听课，不能按时完成作业，成绩下滑，丧失对学习的信心和兴趣，甚至逃课、辍学。网络中各种色情、暴力、赌博、迷信等不健康内容，也会造成青少年过分放纵自我，使其丧失法律及道德观念，人生观、价值观扭曲。为了能上网，他们不惜用掉自己的学费、生活费，不惜丧失自己的人格和自尊向人乞讨，在外借钱，在家欺骗父母，甚至发展成偷窃、抢劫，走上违法犯罪的道路。

> **【案例】** 郝某 16 岁，李某 17 岁，两人是初中同学，都酷爱上网，经常是吃在网吧，住在网吧，每人每月在网吧的消费高达千元。由于花费太大，两人手头常常感到拮据。一天，李某向郝某提出想买支玩具枪用来抢钱，但是要买枪也得先有钱才行。这时，鬼迷心窍的郝某提议说："去我爷爷家先弄点钱。"为筹集上网费用，郝某和李某当天深夜潜入爷爷家，盗得大量现金、银行卡和首饰，然后逃离。
>
> 在看守所里，郝某说，要是当时初二逃学时能听从大人的意见继续上学学习，也不会发生这种事情，自己的自制力太差了。李某也说，谁都不怪，都怪自己，是自己把自己给毁了。

二、网瘾的应对

1. 端正目的

青少年要懂得正确使用网络资源。网络的功能不仅仅是聊天、游戏，其最主要的功能是作为一种工具，为人们学习、工作以及传递信息提供便利。

2. 外力帮助

这种力量主要来自家人和老师，因为对青少年正面影响最大的、最希望青少年健康成长的就是自己的家人和老师。因此，在上网问题上青少年应该听从家长的劝告、服从老师的管理。

3. 自我认知

尽可能多地列举长时间上网的好处和坏处，再把这些好处和坏处进行比较，明确上网的好处和坏处后，作出明智的选择。

4. 系统脱敏

在作出正确的选择后，就需要制订一个戒除网瘾的详细计划，逐步减少上网次数，缩短上网时间，最终回归正常上网学习和娱乐的时间范围。

5. 代替疗法

青少年需要培养广泛的爱好来充实精神生活，用以取代单一上网游戏娱乐的生活方式，如参加体育活动、读书、听音乐等。

6. 加强自律

可利用定时工具，如安装定时软件设置上网提醒时间，帮助自己节制上网欲望。

第二节 谨慎网络交友

进入 21 世纪后，互联网技术迅猛发展，QQ、微信等通信工具的功能越来越强大，使利用互联网进行实时交流变得越来越方便。使用这些通信工具不仅能够进行语音交流，还可以实时视频聊天。上网聊天、交友的人越来越多，逐渐成为一种时尚，尤其是青少年学生更是留恋于网络交友。

虽然网络交友给人们带来了不少美好的体验，但由于网络交友与现实交友相比存在着更多的未知性，也暴露出各种风险。

一、网络交友的风险

1. 沉迷网络交友容易引发人际关系障碍

沉迷网络交友容易引发人际关系障碍，主要表现为网络孤独症、人际信任危机和各种交际冲突。网络孤独症与网络成瘾症非常类似，前者更多表现出生理和认知方面的障碍，后者侧重于人际交往方面的障碍。网络孤独症多发生在性格内向的人身上，其典型症状是沉溺于网络、脱离现实、寡言少语、情绪抑郁、社交面狭窄、人际关系冷漠等。由于个体将注意力和个人兴趣专注于网络交友，不仅影响正常学业，导致学习成绩下降，而且也不利于自己的心理健康发展。

人际信任危机也有可能影响到青少年网民在现实中的人际交往态度，进而导致出现人际关系障碍。这些以匿名或化名方式进行的网络交往无法确定人们言论的真实性。网络人际交往的虚幻特点使得很多青少年抱着游戏般的心态参与网上交际，不仅自己撒谎时面不改色心不跳，对他人的言行自然也是毫无信任可言。这种网上的人际信任危机可能迁移到现实人际交往中，导致青少年在现实人际交往中怀疑他人的真诚，同时自身也缺乏真诚的品质，进而影响与他人建立和发展良好的人际关系。

2. 网络交友可能诱发各种人格障碍

网络交友可能诱发各种人格障碍，比较突出的有攻击型人格障碍、双重人格或多重人格障碍等。网络交友具有匿名性特点。由于青少年大都认为无须对网上自己的言行承担任何责任，在言语上非常直接坦率。当一个人的某种行为习惯养成之后，可能转换成个人的人格特质。青少年在网络活动过程中养成的攻击型言行特点，可能导致其形成攻击型人格。

双重或多重人格是指在一个人身上体现出两重或多重人格，在不同时间与地点交替出现。由于网络交友过程中普遍采用虚拟的网名，青少年往往都有自己的虚拟身份，部分青少年在网上交际时经常扮演与自己实际身份和性格特点相差十分悬殊、甚至截然相反的虚拟角色，有的青少年还同时拥有多个分别代表着不同身份和性格特点的网名，男扮女、女扮男的现象也非常普遍。一位 17 岁的男学生曾公开承认自己曾经用 18 岁女孩的身份在虚拟社区生活了近 3 年时间，结识了很多网友。最后他还不无遗憾地说，可惜以后不能再用这个网名了。在这种情况下，很多青少年都经常网上网下判若两人，时而扮演张三，时而扮演李四，体验着多重角色差异和角色冲突。当多重角色之间的冲突达到一定程度或角色转换过频时，就会出现心理危机，导致双重或多重人格障碍。

3. 网络交友中谎言林立

网络是虚幻的，很难对网上的"个人资料"进行验证。在充斥着谎言的网络世界寻找真实的情感无异是自欺欺人。没人知道坐在网络那边计算机前的是什么样的人。

4. 网络交友陷阱密布

网络使沟通变得自由与便捷，也使行骗更难让人识别。别有用心者打着交友的旗号图谋不轨，引发了严重的社会问题。

5. 网络交友中充斥着低级趣味

网络是一个缺少有效法律制约与道德规范的自由世界，很多人在聊天时容易放纵自我，低级趣味泛滥成灾，让人道德沦丧，而由它引发的道德问题更是不容忽视。

二、网络交友须谨慎

正是由于网络交友存在着重重风险，青少年网民更应该擦亮眼睛、提高警惕，在网络中谨慎结交朋友。

1. 不要轻易见面

网络是个虚拟的世界，青少年通过聊天、视频、语音等在网上交友，应该慎重见面。无论是刚认识不久，还是自认为已经足够了解对方，网友见面都存在各种风险。

【案例】北京男孩小飞（化名）在网上聊天室里被一个名为"火辣女孩"的网友吸引，很快两人聊起天来。"火辣女孩"突然提出见面要求，虽然已是深夜，小飞还是欣然答应。"火辣女孩"约小飞在什刹海附近见面。两人见面后边走边聊，几分钟后，"火辣女孩"指着一个小酒吧说进去坐坐。小飞心想，这种小酒吧坐坐也花不了什么钱，于是同意。等到结账时，服务生告诉小飞，"火辣女孩"推荐的10杯鸡尾酒总价是1 500元，加一个200多元的果盘，消费总金额为1 700多元。"火辣女孩"明确提出由她刷卡付账，但刷卡时酒吧刷卡机提示故障。这时服务生要求小飞付费，同时，"火辣女孩"说今晚的消费有办法报销，报销之后会把钱还给小飞（借此机会把消费单据拿在自己手上，让小飞没有报案的证据），还说男人不能那么小气，小飞只好买单。

　　这是典型的"酒托"诈骗，类似手段还有"饭托""咖啡托""花篮托"等。网络交友初次见面被骗的事情时有发生，需提高警惕。

2. 涉及性问题不要交往

　　网络也即社会，形形色色的人都有，如果有些网友上来就谈一些性的问题，那就应该果断拉黑，对于情况严重者我们可以保留证据选择报警。

3. 不要随便透露个人信息

　　在网络交友中，我们无法知道对方是否是真心实意交朋友。切记不要透露个人信息，否则可能会对我们造成不良影响或带来财产损失。

4. 不要轻信承诺

　　网恋已经不是新鲜事物了，我们应该擦亮眼睛进行甄别，不要轻易相信别人的花言巧语，更不要盲目相信任何人的承诺。越是在交友中轻易承诺的人，越要加以防备。

5. 不要相信虚假吹嘘

　　有很多网络骗子往往是抓住一些人的虚荣心，捏造自己是"富二代""官二代"或者企业老总等虚假身份，取得一些虚荣心强的人信任，然后实施诈骗、盗窃、胁迫等不法行为。我们应该脚踏实地做事情，理性地思考问题，天上不会掉馅饼，切记不要让虚荣心害了自己。

　　【案例】 市民王女士通过网络聊天认识了一名自称姓陈的男子。在聊天中，陈某自称是省会某集团老总的儿子，是一名"富二代"。"我目前在经营房地产项目，有资金需求可以随时找我。"陈某的话让正好需要资金周转的王女士动了心。陈某表示，他现在需要4 000元现金交给家里的会计做一笔"假账"，只要办成了，就可以挣一大笔钱。"我现在手头没那么多钱，你借给我吧，很快我就能给你23万元。"王女士信以为真，随即见面，将4 000元现金交给了对方。拿到钱后，陈某迅速消失，并将王女士的微信及电话拉黑。这时，王女士才知道被骗，只好报警求助。

　　在与陌生人交往中，千万别因虚荣心而轻易相信所谓的"高富帅"，更要警惕对方提出的小额金钱方面的借用请求，要保持正常心理，谨慎对待，切莫因一时冲动而让自己人财两空。

6. 不要有经济往来

现在很多骗子利用网络进行诈骗，往往开始的时候给我们一个好的印象，然后慢慢熟悉了，就开始通过一些欺诈手段，博取我们的同情心来进行诈骗。因此，不要和虚拟的网友有任何经济往来。

7. 不要泄露国家机密

间谍不只是出现在影视剧里，他可能就在我们身边，就在互联网上。境外间谍组织经常以咨询公司开展社会调查的名义，通过互联网高薪招聘兼职人员，指使他们拍摄军事目标照片和搜集内部资料，借此窃取我国国家秘密，危害我国国家安全。一定不要在互联网上发布有可能涉及国家秘密的信息，更不要因炫耀心理而被别人操纵进而泄露国家秘密。

《中华人民共和国反间谍法》规定，中华人民共和国公民不得有危害国家的安全、荣誉和利益的行为；境外机构、组织、个人实施或者指使、资助他人实施的，或者境内机构、组织、个人与境外机构、组织、个人相勾结实施的危害中华人民共和国国家安全的间谍行为，都必须受到法律追究；公民和组织发现间谍行为，应当及时向国家安全机关报告。国家安全机关举报受理电话号码为"12339"。

在网络交友时，一定要有防范意识，不能没有戒备地在网上交友，也不能心存占便宜的心理。一旦被骗遭受损失，要立即拨打"110"报警。受害人要保全相关证据，以有利于案件的侦破。我们要在网络中自律，避免落入网络交友的圈套。

第三节　网络信息安全

一、个人信息泄露

个人信息是指以电子或者其他方式记录的，能够单独或者与其他信息结合识别自然人个人身份的各种信息，包括自然人的姓名、出生日期、身份证号码、个人生物识别信息、住址、电话号码等。

随着互联网的普及，大数据时代来临，人们的个人信息往往会在不经意间泄露出去，这对人们的个人财产甚至人身安全构成了一定的威胁。据中国互联网信息中心报告，近年我国网民遭遇的安全问题中，个人信息泄露问题的比例最高。

1. 个人信息泄露的主要途径

（1）各种网上单据泄露个人信息。快递包装上的物流单含有网购者的姓名、电话、住址等信息，网购者收到货物后不经意把快递单扔掉导致信息泄露。火车票实行实名制后，车票上印有购票者的姓名、身份证号等信息，很多人会顺手丢弃火车票，一旦被不法分子捡到，则会通过读票仪器窃取车票上的个人信息。在刷卡购物的纸质对账单上，记录了姓名、银行卡号、消费记录等信息，随意丢弃同样会造成个人信息泄露。

【案例】上海嘉定警方接到群众反映，称屡屡接到辖区某家健身房打来的促销电话，对方能准确报出机主姓名甚至居住地址，怀疑个人信息遭到泄露。警方随即前往调查，在该健身房销售人员韦某的办公桌下发现大量快递底单。据韦某交代，这近万张快递底单是他以 150 元的价格从嘉定徐行镇快递员付某处买来的，使他通过单上的信息更"精准"地找到潜在客户进行推销，提升业绩。付某和韦某因涉嫌侵犯公民个人信息被嘉定警方刑事拘留。

《中华人民共和国刑法》（以下简称《刑法》）第二百五十三条之一规定："违反国家有关规定，向他人出售或者提供公民个人信息，情节严重的，处三年以下有期徒刑或者拘役，并处或者单处罚金；情节特别严重的，处三年以上七年以下有期徒刑，并处罚金。"《中华人民共和国网络安全法》第四十四条规定："任何个人和组织不得窃取或者以其他非法方式获取个人信息，不得非法出售或者非法向他人提供个人信息。"

（2）社交平台、QQ 邮箱等不经意泄露个人信息。如今网上社交平台多如牛毛，然而，在各种论坛和社交网络中，都需要填写个人资料才能进行聊天互动。很多网友会把 QQ 邮箱作为首选的注册邮箱使用，而经常出现在各大论坛、社区的回复帖中。通常 QQ 邮箱直接显示 QQ 号码，不法分子继而可以从 QQ 资料、空间等渠道获得个人信息。

（3）各类网上支付账户、虚拟社区账户、社交网络账户泄露个人信息。电商平台在为人们购物带来方便的同时，也蕴藏着信息泄露的风险。网上购物可以使用微博、微信或 QQ 等账号信息登录，也存在个人信息泄露的风险。在网络上填写自己的真实信息时要谨慎，最低限度曝光自己的真实信息。

（4）网上简历泄露信息。如今好多人找工作都是通过网上投简历的方式，而简历中的个人信息一应俱全，这些内容可能会被不法分子以极低的价格转手。在一般情况下，简历中不要过于详细填写本人的具体信息。

（5）街边问卷调查、促销和抽奖活动。在大街上，人们有时候会碰到商家邀请参加问卷调查、购物抽奖活动或者申请免费邮寄资料、会员卡活动，商家一般要求路人填写详细的联系方式和家庭住址等，如果按照其要求详细填写，则主动暴露了自己的个人信息。

（6）报名、复印资料信息易遭窃。在参加各类考试报名、参加网校学习班时，经常要登记个人信息，甚至一些打字店、复印店利用工作便利条件，会将客户信息资料存档留底，然后转手卖掉。

（7）网上个性化服务泄露隐私。我们使用的很多网上个性化服务都需要个人信息。以LBS（地理位置服务）为例，不少商家与社交网站合作，通过无线网络确定用户位置，从而推送商品或服务。订制这些个性化服务，用户可能被实时"监控"，这为不法分子实施诈骗、绑架勒索等违法犯罪行为打开了方便之门。

2. 个人信息泄露的危害

我们的个人信息一旦泄露到不法分子手中，会对日常生活产生很大影响，甚至带来严重损失。

（1）垃圾短信源源不断。除了传统的短信群发器，有些移动公司采取小区短信发送方式。小区短信就是以基地作为发送中心，向基地覆盖区域内的移动用户发送短信。这种发送方式每 10 min 可发送 1.5 万条信息。

（2）垃圾邮件铺天盖地。每天自己的私人邮箱都被垃圾邮件填满，导致正常的邮件不能被及时看到，给我们的工作、生活带来很大困扰。这些垃圾邮件多是以推销邮件为主，也不乏一些诈骗信息。

（3）骚扰电话接二连三。当我们接到莫名其妙的陌生人电话时，很好奇他们怎么会知道我们的电话。在这个时候，我们就应该意识到，我们的信息已经被泄露了。

（4）成为不法分子诈骗对象。有些胆子较大的不法分子，冒充公安机关，利用被盗的个人信息获取信任，以"最近经常发生诈骗案件"为由，提醒我们某个账户不安全，要求我们按照他们的提示进行转账，还会告诉一个假的公安机关咨询电话。如果我们轻易相信不法分子的话，就会造成财产上的巨大损失。

（5）替不法分子背黑锅。不法分子可能利用我们的个人信息进行不法活动，公安机关或交通管理部门就会根据这些个人信息找到我们，造成不必要的误会。

（6）被冒名办卡恶意透支。如果我们不重视个人信息安全，不法分子可能以我们的身份信息办理信用卡，并恶意透支，这会损害我们的信用，对将来买房贷款等造成不可预估的影响。因此，各种证件一定不要轻易借给别人使用，保护好自己的个人信息。

综上所述，个人信息的泄露会给我们带来很大影响，在日常生活中必须重视信息安全，避免产生不必要的麻烦。

3. 个人信息泄露的预防

（1）不要随意连接公共场合的 Wi-Fi，更不要使用这样的无线网进行网购等活动。

（2）手机、计算机等都需要安装安全软件，并经常对木马程序进行扫描，尤其在使用重要账号、密码前。每周定期进行一次病毒查杀，并及时更新安全软件。

（3）来路不明的软件不要随便安装，在使用智能手机时，不要修改手机中的系统文件，也不要随便参加注册信息获赠品的网络活动。

（4）设置高保密强度的密码，不同网站最好设置不同的密码。网银、网购的支付密码最好定期更换。

（5）尽量不要使用"记住密码"模式，上网后及时清理个人使用记录。

（6）到正规网站购物。在查看消息或者浏览视频时，一定要去正规网站，即使安装了杀毒软件也不能保证计算机不会感染病毒。尤其在购物时，涉及网上支付，使用正规且有保障的网站，安全系数更高。

（7）不随意打开陌生邮件。打开邮箱，看到陌生人发来的邮件千万不能轻易打开，尤其是看到中奖或者奖品认领等带有诱惑性信息的内容更不要随意打开。

（8）在处理快递单、各种账单和交通票据时，最好先涂抹掉个人信息部分再丢弃，或者集中起来统一销毁。

（9）网购东西填写地址时可以考虑填写单位的地址，让快递员将商品送到单位，而不要送到住宅，特别是独居的单身女性更要注意。

（10）在使用公共网络工具时，下线要先清理痕迹。如果有 QQ 号码的，退出时要更改登录区有"记住密码"选项的计算机设置。

（11）在上网评论朋友发布的微博、日志时，不要随意留下朋友的个人信息，更不要故意公布他人的个人信息。

（12）身份证、户口簿等有个人信息的证件，一定要保存好。

（13）部分手机应用程序具有位置显示功能，能显示机主所处位置，不少年轻人热衷于晒地点、晒自拍照，还有家长喜欢晒孩子照片等。这种手机位置功能可能暴露个人隐私，比如姓名、工作单位、家庭住址等。若被别有用心的人盯上，可能造成损失。在网上使用手机签到时，需要谨慎。

4. 个人信息泄露的补救措施

当我们发现个人信息已经泄露之后，应该及时采取措施进行补救，以防产生更大的损失。

（1）更换账号。个人信息泄露后，要第一时间更换账号。由于现在网络十分发达，信息泄露之后如果不换账号，那么在这个账号下登录的各种信息就会源源不断地流出。因此，一旦发现信息泄露，就要立刻终止使用这个账号。

（2）更改重要的密码。现在的人离不开网络，尤其对于喜欢网购的人来说，个人信息往往和银行账号、密码等重要的信息联系在一起。因此，一旦个人信息泄露，应该马上更改重要的密码，避免造成经济损失。

（3）报案。个人信息一旦泄露，应该报警。报案的目的一方面是保护自己的权益；另一方面也可以备案，给警方破案提供线索。

二、网络不良信息

网络不良信息主要是指违背我国相关法律、法规，违背社会主义精神文明建设要求，违背中华民族优良文化传统与习惯，以及其他违背社会公德的各类信息，包括文字、图片、音频、视频等。

2021 年，中国互联网违法和不良信息举报中心（举报电话：12377）共受理网民有效举报 1.66 亿万件，同比增长 1.8%。这些不良信息对国家、社会和个人都会造成不同程度的危害，尤其对青少年的健康成长不利。导致互联网不良信息泛滥的原因很多，并且随着互联网技术的发展以及信息技术应用领域的扩大而变得更加复杂和多样。从互联网的发展趋势来看，这些原因不仅包括互联网用户为显示个人能力，寻找刺激而肆意传播互联网不良信息，而且还包括网站经营者追求经济利益，互联网治理法律不完善，互联网管理技术不成熟等因素。

1. 网络不良信息的类型

（1）暴力信息。网络暴力信息往往通过网络游戏及相关网站的枪战、暗杀、绑架、帮派行会等方式表现出来。青少年如果大量地接触这类游戏和网站，就会对游戏中的暴力场面和暴力行为习以为常，觉得打人、杀人没什么大不了，不必大惊小怪，对青少年产生严重的负面影响。一旦他们在现实生活中遇到某些需要解决的棘手问题，就容易使用暴力手段解决。

（2）色情信息。隐藏在网络中的淫秽色情信息对青少年造成"精神污染"，严重毒害青少年的身心健康，有人称之为"电子海洛因"。

（3）虚假信息。由于网络传播的特性，虚假广告、虚假新闻、虚假身份等各种不真实信息在网络上肆意传播。这让不少青少年产生一种错觉，认为在网上发布信息是可以随意的，可以不用负任何责任，于是用假名、说假话，不负责任地胡言乱语成了一种"时尚"。

（4）反动信息。反动信息是以煽动的方式宣传违背历史潮流和社会发展规律的信息，动摇人们的理想、信念、意志。在网上，一些宣扬所谓的"自由、民主、平等"的西方价值观的信息通过一些娱乐性节目等得以传播，甚至就连一些邪教组织也借助网络对人们展开思想攻势，这对于涉世不深、缺乏社会经验的青少年来说，具有很大的迷惑性、欺骗性和危害性。

（5）伪科学与迷信信息。近年来，算命、测字、装神弄鬼等庸俗的"世风"逐渐感染互联网，一些机构和个人以在线娱乐和人生策划等名义，花样百出地开起了算命铺子。对缺乏判断能力、鉴别能力的青少年来说，一旦长期接触这种信息，就会把成功和失败看成是"命中注定"的，从而放弃努力，用消极的态度对待学习、生活和人生。

（6）语音聊天中的粗俗内容。网络聊天在很大程度上是匿名交流，这为一些不善于社交、性格内向的人提供了一种袒露个人隐私和宣泄情感的方式。"骂聊"等不文明现象在网络聊天中时有出现，严重污染社会文化环境。

2. 网络不良信息的应对

上网学习、工作、娱乐已经成为我们生活的一部分。在充斥大量不良信息的网络环境中，我们要远离不良信息，不被它伤害到，也不利用它伤害别人。除了监管机构加强监管、遏制源头、控制对不良信息的访问等技术手段外，更重要的是要从个人自身做好对不良信息的抵制。

（1）从自身做起，做一名文明的"网民"。倡导文明健康的网络环境，从自我做起，不做各种不良信息的制造者、传播者。要善于鉴别不良信息，不做不良信息的跟随者、传播者。有些网民凭着猎奇心理，对一些信息不做调查、不认真分析，盲目跟帖支持，甚至添枝加叶地继续在网上肆意传播。个别网民明知信息有误，不是站出来澄清事实而是含糊不清地"顶"，表示大力支持，唯恐天下不乱，这种人心理扭曲，不讲文明，没有道德。

（2）要互相监督，坚决抵制网络不良信息。网络是我家，维护靠大家，面对不良信息我们可以当头棒喝。倡导网络文明，要乐于"管闲事"。"管闲事"要善于点中要害，如对一些网络谣言，可直言"你如何知道得这么具体？请不要造谣惑众！"对个人进行人身攻击的，可当头棒喝"请注意做人道德，不要在背后议论别人！"

（3）发现网络不良信息，及时进行举报。网络举报是网络空间治理体系的重要组成部分。当发现网络中的不良信息时，每一位公民都有义务通过举报中心网站（网址：www.12377.cn）、"12377"举报电话、网络举报客户端等渠道积极举报网上违法和不良信息。

三、网络诈骗

近年来，公安机关不断加大对网络诈骗的打击力度，犯罪形势得到有效控制。虽然人们防范网络诈骗的意识不断增强，对冒充公检法等低级的骗术早已具备足够的防范意识，但诈骗分子不断翻新花样，借助互联网平台，通过新手段、新技术进行网络诈骗，上网一不留神就被骗走上万元的新闻仍然不时地出现在我们身边。

1. 网络诈骗的主要形式

据中国互联网络信息中心统计，2020年我国遭遇网络诈骗的网民中，虚假中奖信息诈骗仍是受众最为广泛的网络诈骗形式，在遭遇网络诈骗的网民中比例达到47.9%。利用社交软件冒充好友诈骗、网络兼职诈骗、网络购物诈骗、网络钓鱼诈骗等形式也占较高比例。

（1）虚假中奖信息诈骗。虚假中奖信息诈骗是诈骗分子以网络、短信、电话、刮刮卡、信件等媒介为平台发送虚假中奖信息，继而以收取手续费、保证金、邮资、税费等为由骗取钱财。

【案例】2021年3月17日，何女士收到一条短信："（温馨提醒）您在我店买的宝贝已确认收货，麻烦添加客服微信：2347×××，免费赠您一台电饭锅，截至明天。"看到"免费"两字，何女士马上添加了对方微信。随后被对方以确认收货地址为由拉入了一个微信群，在群里有人发信息说关注公众号就可以领取红包，她也关注了这几个公众号并且成功领取了100元的红包。

随后，对方提出可以在App上做任务并得到更多佣金，何女士立即安装App

并完成了十多次任务，得到了相应佣金。对方要求下载"某某创投"App继续完成任务，何女士立马答应并下载好App。此时，何女士发现这款App是博彩类软件，开始有些担心，但对方称只要跟着操作就可以赚钱，于是何女士跟着"导师"成功获利并顺利提现一次。在后期提现时，系统提示何女士的操作有误，只有双倍充值才可提现。何女士信以为真，多次进行充值，但仍无法提现成功，才意识到被骗了。何女士前后共计被骗10万余元。

对于一些来历不明的中奖提示，千万不能相信，更不要按照所谓的咨询电话或网页进行查证，否则将一步步陷入骗局之中。

（2）利用社交软件冒充好友诈骗。诈骗分子采用木马程序等黑客手段，获取网络用户的账号及密码，操作用户的QQ、微信等工具，冒充同学、好友，以"帮忙汇款"等方式行骗。

【案例】李女士在网上聊天时，看到妹妹也在线，就唠起了家常，聊天过程中还通过视频聊了一会儿。妹妹诉苦说，因为最近在做生意还差20 000元很是头疼，李女士知道妹妹这几年一直都在忙着做生意，之前也曾在电话中聊过，认为她确实可能急需用钱，并且在视频聊天时还看到了妹妹的影像，便在没有电话核实的情况下，就将20 000元汇入妹妹指定的账户。汇完钱后与妹妹电话一联系，才得知妹妹的QQ号已被盗多日，李女士这才意识到被骗，连忙与银行工作人员联系查询，发现此笔款项已经转账给他人，随即向公安机关报案。

随着QQ等网络聊天工具的广泛使用，通过盗用受害人亲朋好友的QQ向受害人借钱或是对QQ用户发布中奖信息等手段的网络诈骗层出不穷。在QQ视频聊天中，虽然出现在画面里的是自己认识的亲人或朋友，但在网络的另一端，与你聊天的人很可能是骗子。骗子盗取QQ号后，利用事先录制的视频与QQ好友进行虚拟聊天，再以"熟人借钱"为幌子大肆骗钱。由于此类案件具有极强的隐蔽性，成功破获的案件很少。

（3）网络兼职诈骗。网络兼职诈骗是诈骗分子通过网络和其他渠道发布虚假招聘广告，以高薪招聘兼职打字员、影评员等为由，骗取求职者所谓的会员费、保证金等的诈骗形式，极具迷惑性。

【案例】学生小王在玩游戏时，看到一条弹屏广告，点开后发现是兼职招聘信息，称通过刷单可获得佣金。小王在与"客服"沟通后，决定尝试赚钱。他首单花费 100 元，在一电商平台购物刷单并给予好评。之后，小王收到了对方返回的 105 元，除本金外，还包括 5 元佣金。小王非常开心，继续要任务。第二单，"客服"给了一个 2 000 元的 5 联单任务包，小王一口气完成了刷单任务，但这次并未及时返利。对方称是"系统故障出现延时"，小王也就没太在意，领取了新的刷单任务，用自己的积蓄垫付了购物款。

随着任务包金额越来越大，小王感到吃不消，于是要求"客服"把之前所有的本金加佣金返还给他，但"客服"表示"系统权限要求完成 9 联单任务才能返款"，还指导小王透支所有信用卡并通过一些贷款平台借贷。正当小王准备完成任务时，反诈中心工作人员及时联系到小王，戳穿了骗局。

（4）网络购物诈骗。诈骗分子借助网络工具，利用人们希望购买物美价廉商品的想法实施诈骗。诈骗分子往往制作假冒的购物网站实施作案。用于诈骗的物品既有现实生活中的手机、计算机、汽车等，也有网游账号等虚拟财产。

网络购物诈骗的主要形式有以下几种。

1）低价诱惑。在网络购物诈骗中，商品售价往往比市场价格低很多，并常以"海关罚没走私、朋友赠送"等为理由骗取购买人的信任。

2）奖品诱惑。有些不法网站利用巨额奖金或奖品诱惑消费者浏览网页，并购买它出售的商品。还有的利用赠品或者积分换取奖品来吸引消费者，攒积分的方法有注册网站、浏览网站、发展其他买家等几种，但无论以何种方式获得奖品都需要花钱购买。

3）虚假广告。有些网站提供的产品说明有夸大甚至虚假宣传之嫌，消费者购买后会发现购买到的实物与网上看到的不一致。更有甚者，一些网上商店把钱骗到手后就关闭网站，然后再开一个新的网上商店故技重演。

4）格式化合同。一些网站的购买合同采取格式化条款，对出售的商品不承担"三包"责任，没有退货、换货说明，消费者购买的产品出现质量问题无法得到相应的质量保证，不能换货，出了问题也无法退货或维修。

（5）网络钓鱼诈骗。网络钓鱼诈骗是通过大量发送声称来自银行或其他知名机构的欺骗性垃圾邮件，意图引诱收信人提供敏感信息（如用户名、口令、账号或信用卡详细信息）的一种攻击方式，是一种近年来常见的网络诈骗形式，主要目的是获得受骗者个人信息进而窃取资金。

常见的网络钓鱼诈骗作案手法有以下

几种。

1）发送电子邮件，以虚假信息引诱用户中圈套。不法分子大量发送欺诈性电子邮件，邮件多以中奖、顾问、对账等内容引诱用户在邮件中填入金融账号和密码，或是以各种紧迫的理由要求收件人登录某网页提交用户名、密码、身份证号、信用卡号等信息，继而盗窃用户资金。

2）建立假冒网站骗取用户账号、密码实施盗窃。不法分子建立域名和网页内容都与真正的网上银行系统、网上证券交易平台极为相似的网站，引诱受骗者输入账号、密码等信息，进而窃取用户资金。

【案例】网民苏先生在淘宝网账户中收到一名淘宝会员发来的消息，说他有机会可以抽奖，登录某网站地址便可操作。苏先生按照对方提供的步骤操作，并填写了资料。全部程序操作完毕后，对方称苏先生中了两个大奖，共价值33 888元，不过要收取5%的手续费，并给了苏先生一个银行账户，要求苏先生20分钟内把钱存进账户，奖品即可送出。

除了苏先生，还有他的3个朋友也收到类似信息。几个人正在犹豫是不是要汇钱过去，幸亏苏先生观察得仔细，发现对方提供的网站地址比真正的淘宝网网址多了个字母"c"，确定其为假冒网站。苏先生和他的朋友们这才避免上当受骗。

3）利用木马程序和黑客技术窃取用户信息。不法分子在发送的电子邮件中或在网站中隐藏木马程序。用户在感染木马程序的计算机上进行网上交易时，木马程序即以键盘记录方式获取用户账号、密码。

4）破解用户"弱口令"窃取资金。不法分子利用部分用户贪图方便、在网上银行设置"弱口令"的漏洞，从网上搜寻到银行储蓄卡卡号，进而登录该银行网上银行网站，破解"弱口令"。

2. 网络诈骗的防范

防范网络诈骗务必谨记"四要""四不""六一律"。

"四要"是指转账前要通过电话等方式核实确认；手机和计算机要安装安全软件；QQ、微信等要开启设备锁及账号保护，提高账户安全等级；网上聊天时要留意系统弹出的防诈骗提醒。

"四不"是指不要连接陌生Wi-Fi；不要向他人透露短信验证码；不要将支付密码与账号登录密码设为同一个；不要将身份证号、银行卡号、密码、手机号等"四大件"个人身份信息保存在手机里。

"六一律"是指接到陌生人电话，只要谈到银行卡的，一律挂掉；只要谈到"中奖了"的，一律挂掉；只要谈到"电话转接某某公安局、检察院、法院"的，一律挂掉；只要谈到

"安全账户"的，一律挂掉；所有短信，凡是让点击链接的、索要银行卡信息及验证码的，一律删掉；微信陌生人发来的链接，一律不点，如果是熟人、朋友发来的，必须先电话核实。

虽然不法分子的诈骗手段不断更新，五花八门，归根到底都是利用受害人轻信麻痹的心理，诱使受害人上当而实施诈骗犯罪活动。我们在日常生活和工作中应提高警惕，增强防范意识，以免上当受骗。

第三章　治安安全

第一节　防范盗窃

盗窃，是指以非法占有为目的，秘密窃取国家、集体或他人财物的行为。它是一种常见的，人们深恶痛绝的治安违法行为，我国《刑法》第二百六十四条规定了盗窃罪的定罪处罚标准。盗窃不仅使受害者蒙受财产损失，而且会给受害人在心理上留下精神伤害。我们应提高防盗意识，学习防盗知识，避免被盗，造成不必要的损失。

一、盗窃的主要形式

居民家庭、学校宿舍，以及其他公共场所都是盗窃经常发生的地点。

1. 居民家庭、学校宿舍、教室盗窃的主要形式

（1）撬门开锁。盗窃分子通过撬门或开锁进入居民家中、学校宿舍，盗窃目标以价值高、易携带的物品为主，如现金、存折、计算机、金银首饰、手机等贵重物品。

（2）翻墙（窗）入室。盗窃分子选择没有结实护栏，易于翻越、攀登的墙（窗），翻越入室实施盗窃。

（3）顺手牵羊。盗窃分子顺手将晾晒在室外走廊、阳台等处的衣物盗走，或趁人不备，进入室内，实施盗窃。此类盗窃随机性较大，盗窃分子得手就走。

（4）窗外钓鱼。用竹竿把晾在窗外的衣服钓走，更有甚者把纱窗弄坏，钓走桌、凳上的计算机、手机、背包等。

（5）溜门行窃。宿舍、教室是学生生活学习的地方，个人贵重物品比较多。很多同学没有养成随手关门、锁门的习惯，给盗窃人员可乘之机，顺手牵羊，大到手机、电脑，小到校服、洗面奶、耳机等。

2. 公共场所盗窃的主要形式

（1）浑水摸鱼。趁人在商场购物、搭乘公交或地铁、医院挂号等场面杂乱、人多拥挤时，靠近实施盗窃。此时作案，人们不易察觉。

（2）障眼法。多见于结伙作案，盗窃分子为掩人耳目，往往采取拎包，手拿报纸、雨伞等方式装扮成行人、乘客或就医者，由一人故意用物品遮挡视线，其他人伺机实施盗窃。

（3）转移注意力。当盗窃分子锁定作案目标后，其他同伙"合理分工"，放风、掩护、实施盗窃，由一人故意转移事主注意力，其他人乘机下手。

（4）工具辅助。盗窃分子在不便动手的情况下借助刀片、镊子等工具，采取割包、夹取等方式实施盗窃。

二、盗窃的防范

1. 居民家庭盗窃的防范

（1）安装防护网。低层住户和便于攀爬的阳台、窗户要加装防护网。

（2）安装防盗门。选择防盗门时应选用可靠品牌，一看门锁质量，二看门与门框间的吻合程度，二者是否结合严密。如家中无人或夜间入睡后，一定要将门从内反锁至保险位置，以防盗窃分子开锁入室。离家外出的，应将所有锁舌全部用上，以增加防盗门的可靠性。

（3）贵重财物妥善存放。大量现金应存入银行，不要存放在家中。存款时一定要加密码，密码应采用自己好记的多位数字，不要用容易被别人猜到或试出来的，如个人出生年月日。只有这样，在存折或银行卡被盗后，现金才不会很快被人取走。若家中较长时间无人居住，应找人看门或将家中贵重物品暂交他人代管。

2. 学校宿舍、教室盗窃的防范

（1）妥善保管好自己的现金、手机等物品。平时身边不要携带过多的现金，应将多余的现金存入银行，不要泄露银行卡的密码，哪怕是关系再好的同学。银行卡和身份证不要放在一起，这样容易被冒领。

从自动取款机取钱时，要保护好密码，同时注意取款机是否有异常，如果有异常应停止取钱。在取完钱后，记得退出银行卡，防止被他人顺手牵羊。

个人物品要放入柜子里，而且要上锁，不要随处乱放。手机要做到机不离身，一般不要在无人的情况下放在宿舍里充电。

（2）养成随手关门窗的习惯。平时宿舍无人时，一定要锁好门窗。晚上睡觉时，也要将门窗关好。要增强责任心，特别是最后一个离开宿舍或睡觉的人。如果发现宿舍门窗损坏或有安全隐患，要及时报告修理，消除安全隐患。

（3）保管好自己的钥匙。钥匙要随身携带，不能乱放，更不能将钥匙外借或交由他人保管。如果不慎丢失钥匙，要及时更换门锁，切不可掉以轻心。

（4）警惕陌生和可疑人员。在宿舍区域，若发现行迹可疑的人，应提高警惕，多加注意。

（5）宿舍内不要私自留宿外来人员。

（6）班级内无人一定要锁门，尤其计算机教室。

（7）离开教室要拿好自己的贵重物品，哪怕只离开一小会儿，如去厕所等。

（8）实训教室的实训工具要做好自己的专属标签，以免拿错或丢失。

3. 公共场所盗窃的防范

（1）不要将放有钱物的背包置于身后，最好将背包放在身前，遇到人多时，用手护住背包拉链。

（2）不要在人多拥挤的地方滞留，不要围观、看热闹。

（3）存放钱物的手包等应在视线范围内。

（4）不要当众暴露太多的钱物。

（5）现金、手机等贵重物品不要放在外衣口袋里。

（6）不要频繁查看自己的贵重物品。

三、遭遇盗窃的处理方法

一旦遭遇盗窃，我们要冷静对待，采取恰当措施予以处理。

1. 发现家里或宿舍门窗被撬，室内物品有被翻动的痕迹，有财物丢失，首先应保护好现场，同时拨打"110"报警电话或向学校保卫部门报告。

2. 在家里或宿舍与盗窃分子相遇，一定不要与他们搏斗。盗窃分子通常都是持械入室，要切记：我们的生命远远重于我们的财产！在遇到事情的时候要首先自保，在条件允许的情况下及时报警求助。

3. 如果发现存折、信用卡、汇款单被盗，应尽快到银行和邮局挂失。如果微信、支付宝账号被盗，应立即进行冻结账户操作，随后联系平台客服。

4. 配合公安机关和学校保卫部门调查，积极主动地提供线索，不得隐瞒情况。

5. 要通过自身或身边被盗事件汲取教训，提高防范意识，学会应对处理方法。

第二节 防范抢夺抢劫

抢夺是指行为人以非法占有为目的，乘人不备，公开夺取数额较大的公私财物的行为；抢劫是指行为人对公私财物的所有人、保管人、看护人或者持有人当场使用暴力、胁迫或者其他方法，迫使其立即交出财物或者立即将财物抢走的行为。抢劫是使用暴力以及足以压制他人使他人不敢反抗的方式强取财物，而抢夺是用强力夺取，依靠的是事发的突然性，以及行为人行动的快速与敏捷。

在抢劫中使用的"暴力"行为主要表现为对被害人的身体实行打击或者强制，较为常见的有殴打、捆绑、禁闭、伤害，甚至杀害；"胁迫"是指行为人对被害人以立即实施暴力相威胁，实行精神强制，使被害人因恐惧而不敢反抗，被迫当场交出财物或任财物被劫走；而"其他方法"是指行为人实施暴力、胁迫方法以外的使被害人不知反抗或不能反抗的方法。我国《刑法》第二百六十三条、第二百六十七条等条款，分别对抢劫罪、抢夺罪规定了定罪处罚标准。

一、抢夺抢劫的主要形式

1. 飞车抢夺

飞车抢夺是近年来常见的一种抢夺行为。犯罪嫌疑人一般两人同骑一辆摩托车结伙作案，作案时突然从身前（后）贴近被害人实施抢夺，作案后迅速驾车快速逃离。犯罪嫌疑人一般以金项链、背包、手机等为主要目标，主要针对街上行走的女性或老人实施抢夺。

2. 入户抢劫

犯罪嫌疑人通过翻墙、入窗、撬锁、破门等方式进入居民家中实施抢劫，是抢劫罪中的加重情节，判处 10 年以上有期徒刑、无期徒刑或者死刑，并处罚金或者没收财产。

3. 拦路抢劫

一般发生在行人稀少、阴暗偏僻的环境，犯罪嫌疑人利用凶器等对行人进行威胁逼迫，以获得现金、手机、贵重物品等有价值的财产。

二、抢夺抢劫的防范

1. 外出时不要携带过多的现金和显眼的贵重物品。

2. 穿戴适宜，现金或贵重物品要贴身携带，不要置于手提包或挎包内，不要外露，或向人炫耀随身携带的现金和贵重物品。

3. 女性到银行取款应结伴而行，取款后最好在银行内将现金放好，以防被抢。

4. 外出逛街应结伴而行，避免独行，不在深夜外出，不晚归。

5. 不去行人稀少、环境阴暗、偏僻的地方闲游、散步。

6. 遇陌生人打招呼或喊话，先观察周围是否有可疑人员，再决定是否停下。

7. 发现有人尾随或窥视，不要露出胆怯神态，可回头多看对方几眼，改变行走路线，朝有人、有灯的地方走，尽快用手机通知亲友接护。

8. 回家开门时先观察周围环境，确认没有可疑人员时，再开门进屋，进屋后立即关闭房门。

三、遭遇抢夺抢劫的处理方法

1. 一旦遭遇抢夺抢劫，应保持头脑冷静，想尽办法让自己保持理智，千万不可过于慌乱，大喊大叫，这样会激怒歹徒而起杀意。

2. 遭遇抢夺抢劫时，应与歹徒进行机智地周旋，可以与他进行交谈，不要过于害怕，抢夺抢劫者大都为了钱财，可以主动将自己的钱财交出，千万不可"舍命不舍财"。尽量留意并记下抢夺抢劫者的各种特征，如伤疤、口音、身高、容貌、衣着、随身携带的物品等，以便事后更有效地协助警察办案。

3. 遭遇抢夺抢劫时，首先是想办法脱离危险环境。如表示自己身上没有现金，需要回家去取，趁机将其引到人比较多的地方，如广场、公路等，在确保自己安全的情况下，再急速逃跑并大声呼救。假如遭遇歹徒向你索要皮夹或钱包，不要直接递给他，而是往远处丢。歹徒很可能对财物比对你更有兴趣，当他去拿皮夹或钱包时，是你逃跑的最佳机会。

4. 遭遇抢夺抢劫后，要及时报警，勇敢地拿起法律武器保护自己，让违法者受到应有的惩罚。

5. 要通过自身或身边的抢夺抢劫事件汲取教训，提高防范意识，学会应对处理方法。

【案例】2020年7月19日，某派出所接到吕同学报警，称其在某广场手持手机与朋友视频聊天时，突然有3名不认识的青少年走过来，声称其辱骂他们同村兄弟，当场将他暴打一顿，并抢走了手机。

接警后，派出所很快锁定了犯罪嫌疑人，并确定了其活动轨迹和落脚点。7月20日，将犯罪嫌疑人薛某、林某和郑某抓获。

我国《刑法》规定，以暴力、胁迫或者其他方法抢劫公私财物的，处三年以上十年以下有期徒刑，并处罚金。

第三节　防范诈骗

诈骗是指以非法占有为目的，用虚构事实或者隐瞒真相的方法，骗取数额价值较大的公私财物的行为。由于这种行为不使用暴力，而是在"一派祥和"甚至"愉快"的气氛下进行的，如果受害人防范意识较差，则较易上当受骗。我国《刑法》第二百六十六条等有关条款，对诈骗罪规定了定罪处罚标准。

一、诈骗的主要形式

1. 马路诈骗

马路诈骗又称街面诈骗，是一种传统的诈骗形式，由于它的易学性与难预防性，使得此类案件的案发量逐年上升，有愈演愈烈之势，给正常的社会治安秩序造成了严重危害。

常见的马路诈骗有抛物诈骗、设摊诈骗、迷信诈骗和"碰瓷"等。

（1）抛物诈骗，又称"扔炸药包"。犯罪分子故意当众宣称丢失钱物，由同伙捡拾后以私分为诱饵，骗取受害人的钱物。

（2）设摊诈骗。犯罪分子多以"猜瓜子""摸奖""象棋残局"等为诱饵，凭借迅疾的手法或预设的机关，移花接木，骗取钱财。

（3）迷信诈骗。犯罪分子以寻找附近某位"神医""大师"为由，结识受害人，再由同伙假冒"神医""大师"或其家人，危言耸听地告知受害人或其家人已"身染重疾"或将有大难临头，蛊惑受害人用钱物镇灾解祸，借机将钱物调包。

（4）"碰瓷"，又称"苦肉计"。犯罪分子利用车多人挤，制造交通事故索赔。常见的"碰瓷"伎俩包括："拍车厢"，一人敲击车厢，然后倒地，当司机下车查看时，"目击者"及时出现，指责司机撞倒了路人；"碰碰车"，故意驾车"合理"碰撞其他车辆，利用交通规则及车祸处理程序诈骗对方钱财。

2. 伪装身份诈骗

犯罪分子利用被害人社会经验少、法律意识差，伪装自身身份，骗取信任后实施诈骗。如新生刚入学时，犯罪分子"欺负"新生人生地不熟，在车站、学校门口冒充新生接待员，"热情"地帮忙看管行李箱等物品，再"调虎离山"，借机偷走行李。

3. 电话诈骗

电话诈骗，即利用电话进行诈骗活动。电话诈骗现已蔓延全国，常见的就有 20 多种诈骗手段。电话诈骗的犯罪分子准备充分，精心编制固定诈骗流程。在实施诈骗活动前，犯罪分子都会充分搜集受害人资料，对诈骗过程进行"彩排"。同时，骗子们分工明确，一般以 3~5 人为一个小团伙，有人专门负责打电话，有人专门负责诈骗账号管理，还有人专门负责提取现金。

电话诈骗一般选择独自在家的老年人为行骗目标，通常使用语音电话提示后转接人工的方式，市民通常会习惯性地相信通话对象就是电信工作人员。诈骗分子往往冒充警察、电信公司或其他政府机构工作人员，多次给事主打电话，设下层层圈套，以银行卡欠费、涉嫌洗黑钱或账号被犯罪团伙利用为名，打电话诱骗、恐吓当事人将资金转移到所谓的"安全账户"，再通过网上银行将资金迅速转移，非法占有。

【案例】某日下午 2 点，某艺术学校负责人李某接到一个电话，对方自称是电信公司工作人员，告知其信息被盗用，涉嫌违法，24 小时后办公室座机将被停用，如有问题可按"9"键接入人工服务。

接下来就和常见的电信诈骗差不多，各路假冒的公检法人员一一登场：先是市公安局"民警"告知其涉嫌一起案件，现已被通缉；接着是一位最高人民检察院"翁主任"，将一个网址发给李某。李某上网一查，确认自己被所谓的"通缉"后，又按对方要求下载页面上的监管系统，而该系统后来被证明是其账户被盗取的关键。下午 4 点，李某将自己银行卡内的 190 700 元分 5 次汇到本人的农业银行卡内。"翁主任"在电话中告诫李某，"最高检"在处理这笔款项时需要保密，因此其计算机会自动黑屏。黑屏几分钟后，李某通过银行确认，此前转账的钱已被转出。仍然被蒙在鼓里的李某，第二天再次接到了"翁主任"的电话，要求其将卡内的钱全部转入农业银行进行监管，李某照做。又是操作涉密，又是计算机黑屏，等李某清醒过来时，卡内的 90 万已经进入了骗子的口袋。加上前一天汇出的款项，总共有 100 多万元，欲哭无泪的李某向警方报了案。

4. 短信诈骗

短信诈骗是指利用手机短信骗取金钱或财物的行为。当前犯罪分子利用手机和伪基站群发诈骗短信、拨打诈骗电话的案件日益增多，手段也愈加高科技，呈现出跨区域性、高科技性、多样性等特点，已经形成有组织的犯罪产业链，给人民群众造成巨大的经济损失。由于作案成本低廉，基本不与受骗人见面，即使在网络通信非常发达的今天，短信诈骗依然大行其道。

手机诈骗短信息的内容越来越具有诱惑力，使人有抗拒不了的诱惑，更有甚者冒充银行、公安机关和金融部门，利用群众对银行、公安机关和金融部门的信任进行诈骗，具有很强的欺骗性。

5. 网络诈骗

网络诈骗是指以非法占有为目的，通过互联网采用虚构事实或者隐瞒真相的方法，骗取数额较大的公私财物的行为。常见的网络诈骗有购物诈骗、中奖诈骗、冒充他人诈骗、商业投资诈骗，以及网上交友诈骗等形式。

6. 借贷式诈骗

借贷式诈骗即"借钱不还"型诈骗，是指行为人以非法占有为目的，通过借贷的形式，骗取公私财物的诈骗方式。此类诈骗在日常生活中时有发生，由于犯罪分子通常都是披着民间借贷的面纱实施借贷式诈骗，而且多发于亲戚、朋友、熟人之间，因此与债权债务纠纷有一定的相似之处。

> 【案例】2020 年 9 月，罗某结识了李某。2020 年 12 月至 2021 年 1 月，罗某虚构自己在重庆承包工程需要资金的事实，以高额利息为幌子，多次向李某口头提出借款。李某先后将其个人存款 231.91 万元借给罗某。至案发前，罗某归还李某 27.6 万元，其余 204.31 万元借款全部用于偿还债务和赌博。
>
> 人民法院经审理后认为，罗某以非法占有为目的，采取虚构事实、隐瞒真相的方式骗取他人财物，数额特别巨大，其行为已构成诈骗罪。依法判处罗某有期徒刑 11 年，并处罚金 50 万元。

7. 校园不良贷款

校园贷是指在校学生向各类借贷平台借钱的行为，我们要警惕校园不良贷款和校园贷诈骗。校园不良贷款是采取虚假宣传、降低贷款门槛、隐瞒实际资费标准等不合规手段诱导学生过度消费或给学生恶意贷款。

（1）校园不良贷款具有高利贷性质。不法分子利用在校学生社会认知能力较差、防范心理弱的特点，怂恿学生进行短期、小额的贷款活动。从表面上看，这种借贷像是"薄利多销"，但实际上，不法分子获得的利率是银行的 20~30 倍，具有高利贷性质。

（2）校园不良贷款会滋生借款学生的恶习。在校学生的经济来源主要靠父母提供的生活费。若学生具有攀比心理，父母提供的费用可能不足以满足其需求，这些学生就可能会向校园高利贷获取资金，进而引发赌博、酗酒等恶习，严重的可能因无法还款而逃课、辍学。

（3）若不能及时归还贷款，放贷人会采用各种手段向学生讨债。一些放贷人进行放贷时会要求提供一定价值的物品进行抵押，而且要收取学生的学生证、身份证复印件，对学生个人信息十分了解。因此，一旦学生不能按时还贷，放贷人可能会采取恐吓、殴打、威胁学生甚至其父母的手段进行暴力讨债，对学生的人身安全和学校的校园秩序造成重大危害。

（4）有不法分子利用"高利贷"进行其他犯罪。放贷人可能利用校园"高利贷"诈骗学生的抵押物、保证金，或利用学生的个人信息进行电话诈骗、骗领信用卡等。

8. 传销

传销是指组织者发展人员，通过对被发展人员以其直接或者间接发展的人员数量或者业绩为依据计算和给付报酬，或者要求被发展人员以交纳一定费用为条件取得加入资格等方式获得财富的违法行为。传销的本质是"庞氏骗局"，即以后来者的钱发前面人的收益。现在的传销多数建立在精神控制的基础上，即让参与者通过传销组织的培训洗脑后自发地去进行传销。另外一些传销组织会控制参与者的人身自由，没收其所有物品，并且通过暴力的方式使参与者认可他们的谎言。传销对个人、社会、国家都有很大危害。

（1）传销对参与者的精神伤害巨大。参与者及其家庭不仅在经济上有损失，在精神、心理上受到伤害，名誉上也会受到负面影响。此外还会影响家庭成员之间的关系，不利于社会的和谐发展。

（2）传销组织制造每个人都能成功的假象，迷惑参与者，让参与者在组织中一步步地丧失正常的理性分析能力。善良的人就此被改变、被扭曲，精神上对传销组织宣传的"短平快"暴富理念产生依赖，心理上自闭、自卑、排外、仇视社会。

（3）传销对社会道德、诚信体系造成巨大破坏。由于传销人员发展对象多为亲朋好友，其不择手段的欺诈方法导致人们之间信任度严重下降，常易引发亲友反目，家人相向，甚至家破人亡。

（4）传销组织者的行为理论荒谬，具有邪教本质，长期处于高度兴奋状态的参与人员，极容易被煽动，作出扰乱社会秩序的行为。部分传销组织与黑社会势力勾结，利用黑社会势力暗中保护传销组织不断发展壮大。传销组织控制参与者的正常人身自由，极易演变成黑恶势力或邪教组织，参与者甚至会在政治上被别有用心的人利用。

（5）扰乱市场经济秩序，侵害多个法律客体。传销和变相传销违法活动往往伴随着偷税漏税、制假售假、走私贩私、非法集资、非法买卖外汇等大量违法行为，不仅违反国家禁止传销和变相传销的规定，还违反了税收、消费者保护、市场秩序管理、金融、外汇管理等领域多种法律规定。

传销已不是普通的经济犯罪，而是集诈骗、精神控制、非法拘禁、邪教学说、非法聚集为一体的违法犯罪行为。传销致使大多数参与者血本无归、无家可归、无业可就，也会引发他们参与偷盗、抢劫、械斗、强奸、卖淫等违法犯罪活动，破坏社会治安稳定。传销还会引发大量复杂的社会问题。

【案例】一日，在某市一出租房内，一名年轻男子从9楼坠楼身亡。警方接到报警后，通过现场勘查和走访调查，最终捣毁一个传销窝点，共抓获涉嫌传销人员34名，藏匿窝点涉嫌非法拘禁致人死亡的犯罪嫌疑人全部被抓。经警方查明，该传销团伙以犯罪嫌疑人刘某为首，组织黄某、李某等人，在该市多个居民楼租房开设传销窝点，利用网上交友软件，以谈恋爱、考察公司业务等为由，先后骗取多人至该市并进行控制，采取暴力威胁的方式逼迫其交出手机等财物，随后安排传销人员进行"洗脑"，迫使其购买所谓的"产品"并加入传销组织。

死者张某刚满20岁，被骗入传销窝点后，欲逃离，被刘某组织陈某等10余人强行控制、看管，并搜走其手机等财物，进行"洗脑"。张某不愿加入，当日为摆脱控制，趁该窝点传销人员不备，爬窗逃离房间时不慎从9楼摔下致死。

二、诈骗的防范

1. 受骗原因分析

虽然诈骗行为的形式是多种多样的，但是都有一些共同的特征。把握这些特征可以避免自己误入歧途、落入圈套。一般说来，受骗主要人群为中老年人，但青少年学生有时也会因为涉世不深而受骗。总结受骗原因主要有以下几点。

（1）思想单纯，分辨能力差。很多青少年与社会接触较少，思想单纯，对一些人或事缺乏应有的分辨能力，更缺乏刨根问底的习惯，对于事物的分析往往停留在表象上，或根本就不去分析，使诈骗分子有可乘之机。

（2）同情心作祟。帮助有困难的人，及时伸手相援，这是乐于助人的良好品德。但如果不假思索地去"帮"一个不相识或相识不久的人，这是很危险的。然而遗憾的是，很多人就是出于这种单纯的同情、怜悯之心，在遇到诈骗分子后，被他们的花言巧语所蒙蔽，继而"慷慨解囊"，自以为做了一件好事，殊不知已落入骗子设下的圈套。

（3）有求于人，粗心大意。每个人都免不了有求人相助的时候，但关键是要了解对方的人品和身份。有些人在有求于人而又有人愿"帮忙"时，就会急不可待，放松警惕，对于对方提出的条件，常常是唯命是从，从而上当受骗。

（4）贪小便宜，急功近利。贪心是受害者最大的心理弱点。很多诈骗分子之所以屡屡得手，在很大程度上也正是利用人们的这种不良心态。受害者往往是被诈骗分子开出的"好处""利益"所深深吸引，自以为可以用最小的代价获得最大的利益和好处，最后落得个"捡了芝麻，丢了西瓜"的结局。

2. 预防诈骗

诈骗分子行骗的过程可分为两个阶段：一是博得信任，二是骗取对方财物。虽然行骗手段多种多样，但只要我们树立较强的反诈骗意识，克服一些不良心理，保持应有的清醒，做到"三思而后行"，在绝大多数情况下是可以避免上当受骗的。

（1）增强防骗意识。俗话说："害人之心不可有，防人之心不可无。"当然，"防人"并不是要搞得人心惶惶，关键是要有这种意识，对任何人，尤其是陌生人，不可随意轻信和盲目随从。遇人遇事应有清醒的认识，不要因为对方说了什么好话，许诺了什么好处就轻信、盲从。

（2）不感情用事。诈骗分子的最终目的是骗取钱财，并且是在尽可能短的时间内骗走。当遇见新认识的"朋友""老乡"或遭受不幸的"落难者"对你提出钱财的要求时，要学会"听、观、辨"，即听其言、观其色、辨其行，要懂得用理智去分析问题。如果认为对方的钱财要求不合实际或超乎常理时，应及时向老师或保卫部门反映，以避免不应有的损失。

（3）要特别注意"能人"。对过于主动自夸的人，或者过于热情地希望"帮助"你解决困难的人，要特别注意。那些自称"名流""能人"的诈骗分子为了能更快地取得你的信任，以达到其不可告人的目的，大都会主动地在你面前炫耀自己的"本事"，而且他正在运用这些"本事""能耐"为你解决困难。当我们遇到这种人时应格外注意。

（4）忌贪小便宜。对飞来的"横财"和"好处"，特别是不很熟悉的人所许诺的利益要深思和调查。要知道，天上是不会掉下馅饼的。能够克服贪小便宜的心理，就会对突然而来的"好处"三思而后行，避免上当受骗。

三、遭遇诈骗的处理方法

1. 如果诈骗正在发生，在确保自身安全的前提下，中止诈骗的发生，保护好自己的财产安全。比如，感觉对方是诈骗分子时，应用坚决的态度拒绝其任何要求，或向周围行人、警察求救。

2. 如果已经被骗，要保留相关证据及时上报学校老师或报警处理。

3. 要通过自身或身边的诈骗事件汲取教训，提高防范意识，学会应对处理方法。

第四节 防范校园欺凌

近年来，学生之间的校园欺凌事件不断发生，严重损害了受害者的身心健康，引起了社会的高度关注。

2017 年 11 月，教育部等 11 部门印发的《加强中小学生欺凌综合治理方案》，明确了发生在学生之间的校园欺凌是指发生在校园（包括中小学校和中等职业学校）内外、学生之间的一方（个体或群体）单次或多次蓄意或恶意通过肢体、语言及网络等手段实施欺负、侮辱，造成另一方（个体或群体）身体伤害、财产损失或精神损害等的事件。

校园欺凌会对受害者身体和心理造成明显伤害，在精神上主要表现为恐惧、消沉、抑郁，有些受害者还会因此吸毒、酗酒，甚至自残、自杀，也有的受害者转变成了欺凌者，实施新的欺凌行为。

一、校园欺凌的主要形式

校园欺凌通常都是重复发生，而不是单一的偶发事件。通常，欺凌者不觉得自己不对，而受害者因怕事不敢反抗，不敢告发欺凌者，因此恶性循环，导致受害者的身心备受煎熬。校园欺凌的主要形式有以下几种。

1. 给受害者起侮辱性绰号，指责受害者无用、侮辱其人格等。

2. 对受害者进行重复性的物理攻击，如拳打脚踢、掌掴拍打、推撞绊倒、拉扯头发、棍棒攻击等。

3. 损坏受害者的个人财产，或通过它们嘲笑受害者。

4. 传播关于受害者的谣言和闲话。

5. 恐吓、胁迫受害者做不想做的事情。

6. 让受害者遭遇麻烦，或令受害者招致处分。

7. 中伤、讥讽、贬抑受害者的体貌、宗教、种族、家庭收入状况、家人或其他。

8. 分派系结成小帮派，孤立、联合抵制或排挤受害者。

9. 敲诈、强索受害者的金钱或物品。

10. 针对受害者画侮辱性质的画，写侮辱性质的文字。

11. 网上欺凌，即在网络日志、贴吧或论坛上发表具有人身攻击成分的言论。

【案例】2017年2月28日15时至22时，某职业学院的女学生朱某，伙同另外4名女被告人在学校女生宿舍楼内，采取恶劣手段，无故殴打、辱骂2名女学生。其间，5名女被告人还脱光了1名被欺凌女同学的衣服予以羞辱，并用手机拍摄了羞辱、殴打视频，事后在自己的微信群内小范围进行了传播。1名被害人当天先后被殴打了3次。

经鉴定，2名被害人均构成轻微伤，其中1名被害人精神抑郁。法院经审理认为，被告人朱某伙同另外4名被告人无故随意殴打他人，造成二人轻微伤，辱骂他人情节恶劣，侵犯了公民的人身权利，严重影响公民的正常生活，破坏了社会秩序，已构成寻衅滋事罪。最终，法院依法判决被告人朱某犯寻衅滋事罪，判处有期徒刑1年；其余4人犯寻衅滋事罪，分别判处有期徒刑11个月。

二、校园欺凌的防范

校园欺凌是可以预防的。有效防范校园欺凌需要学校、家长、学生三方面的相互配合。

1. 学校防范

（1）树立正确的教育导向，为学生营造健康的成长环境。加强对学生的思想道德教育，引导学生讲文明、讲团结、讲正气，树立良好的校风、学风。努力为学生营造一个积极、健康、向上的成长环境。

（2）加强对学生的心理健康教育，完善学生的人格。完善心理辅导室建设，开通心理咨询热线，对学生进行心理辅导与疏导，引导学生向健康积极的方向发展。

（3）强化校园法制教育，提高学生法制意识。让学生懂得一定的法律知识，学会用法律规范自己的言行，为将来走上社会打下良好基础。

（4）注重家校联合，有效防范学生校园欺凌行为。校园欺凌行为的防范不能只局限在校园内，而应是学校、家长、学生三方面配合。

（5）加强对学生的安全教育及学校安全保卫工作。

2. 家长防范

家长为了让孩子远离校园欺凌的伤害，平时应对孩子多加观察。如果有以下异常情况，需要及时与孩子沟通，问清原因。如果有必要，可与学校一起处理问题。

（1）身体经常出现伤痕。

（2）钱物经常丢失或损坏。

（3）情绪低落，不愿去学校。

（4）睡眠出现问题等。

当孩子出现以上表现后，家长应对孩子加以关心，并进行交流，了解真实情况，以便做进一步应对。

3. 学生自身防范

（1）寻求帮助。不要害怕向外界寻求帮助的行为会造成更坏的结果，当自己无法解决被欺凌的事实，应该积极主动地将受到欺凌的事情向父母、老师、学校、执法机关等进行求助。

（2）保护自己。被欺凌时不要懦弱，要正当、合法、有效地保护自己，逃避可以解决一时的问题，却解决不了后续的诸多问题。

（3）团结同学。最容易受到校园欺凌的青少年大都性格孤僻，不能与其他学生很好地交流，他们在学校中的存在感很低，不容易得到关注，所以容易成为被欺凌者。

（4）树立自信。不要将被欺凌当作命运，不要自卑。在行为上、思想上强大自己，不畏惧欺凌，但是也不要将强硬反抗作为唯一的手段。

三、遭遇校园欺凌的处理办法

1. 学生遭遇校园欺凌时的处理办法

当遭遇校园欺凌时，不要害怕，可采取以下办法。

（1）保持镇定。遇到校园欺凌，一定要保持镇静，采取迂回战术，尽可能拖延时间，争取有机会求救。

（2）求救。必要时，向路人呼救求助，采取异常动作引起周围人注意。

（3）保证人身安全。人身安全永远是第一位的。可以试着通过警示性的语言击退对方，或者通过有策略的谈话或借助环境来使自己摆脱困境，但是不要去激怒对方。

（4）事后一定要告诉家长和老师。不管遭遇了怎样的恐吓，都要告诉家长和老师，不要自己承受身体和心理上的创伤。遇到严重校园欺凌事件，记住欺凌者相貌体征，拨打"110"报警。

【案例】学习舞蹈的艺校女生小高怀疑同宿舍的小吕与自己男朋友关系暧昧，于是召集3名女同学在宿舍内教训小吕，逼迫小吕下跪并自行抽打耳光，时间长达两个多小时，致使小吕身体受到伤害，精神出现应激障碍。之后，小吕报警，小高等4人后悔不已。4人的父母得知此事后，赶紧登门道歉，并赔偿小吕的经济损失。但为时已晚，4名花季少女就这样坐到了被告席上。

法院经审理认定，4名被告人随意殴打他人，情节恶劣，已构成寻衅滋事罪。

2. 学校对校园欺凌的处理办法

校园欺凌问题，一方面靠预防，另一方面靠事后的有效处置。

2021年6月1日起施行的《中华人民共和国未成年人保护法》规定，学校应当建立学生欺凌防控工作制度，对教职员工、学生等开展防治学生欺凌的教育和培训。

《加强中小学生欺凌综合治理方案》中明确了中小学生欺凌事件的处置以学校为主。对于情节轻微的一般欺凌事件，由学校对实施欺凌学生开展批评、教育；情节比较恶劣、对被欺凌学生身体和心理造成明显伤害的严重欺凌事件，学校对实施欺凌学生开展批评、教育的同时，可请公安机关参与警示教育或对实施欺凌学生予以训诫；屡教不改或者情节恶劣的严重欺凌事件，必要时可将实施欺凌学生转送专门（工读）学校进行教育；涉及违反治安管理或者涉嫌犯罪的学生欺凌事件，处置以公安机关、人民法院、人民检察院为主。

第五节　远离黄赌毒

黄赌毒是指卖淫嫖娼、贩卖或者传播黄色信息，赌博，买卖或吸食毒品的违法犯罪现象。黄赌毒不仅腐蚀身心，危害家庭幸福，而且毒化社会风气，一向被视为社会的毒瘤和公害，是国家法律明令禁止的违法行为。

一、黄赌毒的危害

1. 黄的危害

青少年在涉黄后，轻者会想入非非，精神萎靡，无心向学；重者会诱发性犯罪及与之联系的暴力犯罪和经济犯罪，对青少年自身和社会危害极大。

2. 赌的危害

赌博容易使人滋长不劳而获的思想，败坏社会风气。有的青少年染上赌博恶习后，严重影响学习，人际关系扭曲，甚至一步步走上诈骗、盗窃、抢劫的犯罪道路。

3. 毒的危害

毒即毒品，一般是指使人形成瘾癖的药物。常见的毒品有鸦片、海洛因、甲基苯丙胺（冰毒）、吗啡、大麻、可卡因等。毒品对吸食者个人、家庭、社会危害极大。

（1）对吸食者个人的危害。毒品会让吸食者产生身体和精神双重依赖，一旦涉毒，很难戒掉；毒品会危害人体机能，毁坏人的神经中枢，进而影响寿命；共用不洁注射器注射毒品会感染艾滋病等通过血液途径传播的疾病。

（2）对家庭的危害。人一旦吸毒，就会人格丧失、道德沦落、四处举债、六亲不认，最终倾家荡产、家破人亡。

（3）对社会的危害。毒品活动扰乱社会治安，诱发各种违法犯罪活动，如盗窃、抢劫、卖淫等。

【案例】小敏因家境贫寒，初中毕业后，15 岁的她来到汕头打工，并认识了男友小李。在交往一年多后，小敏发现小李吸毒，每次赚的钱都被小李"借"去吸毒，小敏多次劝小李"改邪归正"，但不管怎么劝说，小李始终无法戒除毒瘾。为了用自己的"行动"来劝说男友戒毒，小敏竟然想用"先吸后戒"的办法来证明毒瘾是可以戒掉的，想要以活生生的例子说服男友彻底戒毒。然而，小敏失败了，她非但没有帮着男友戒去毒瘾，自己也陷了进去。此时，她方悔不当初，但"白色幽灵"已牢牢擒住了她。最终，她和男友先后进了戒毒所。

二、远离黄赌毒的注意事项

1. 远离黄色诱惑

（1）转移注意力。丰富自己的业余生活，培养广泛的兴趣，多参加社会实践，用健康的爱好和休闲娱乐方式转移注意力，冲淡对黄色诱惑的欲望。青少年要特别注意体育锻炼，这不仅有利于身体健康，也有益于心理健康。

（2）不接触黄色书刊、音像制品，不登录黄色网站。网络内容丰富，信息海量，若不具备一定的分辨能力和抵抗能力，极易被网络不良内容牵着鼻子走，陷入黄色漩涡。

（3）学会控制自己的欲望和冲动。特别是在没人监督的时候，要严格要求自己，克制自己的冲动和欲望。

（4）不去不健康的营业场所。

2. 抵制和拒绝参与赌博

（1）自觉遵守校纪校规，养成遵纪守法的良好习惯。

（2）充分认识赌博的危害，培养高尚的情操，多参加积极健康的文体活动，充实自己的业余生活。

（3）要防微杜渐，分清娱乐和赌博的界限。

（4）思想上要警惕，不要因为顾及朋友、同学的情面而参与赌博。遇到他人相邀，要设法推脱。

3. 抵制和远离毒品

联合国将每年的 6 月 26 日定为"国际禁毒日"，以引起世界各国对毒品问题的重视，同时号召各国人民共同来解决毒品问题。自觉抵制毒品的诱惑要注意以下几个方面。

（1）树立正确的人生观，不盲目追求享受，不寻求刺激，不赶时髦。

（2）接受毒品基本知识和禁毒法律法规教育，了解毒品的危害，懂得"吸毒一口，掉入虎口"的道理。

（3）不结交有吸毒、贩毒行为的人。如果发现亲朋好友中有吸毒、贩毒行为的人，一要劝阻，二要远离，三要报告公安机关。

（4）在生活中遇到难以解决的问题、需要排解的情绪，要设法寻找正确的途径解决，不能沉溺其中、自暴自弃，更不能借毒解愁。

（5）要有警觉戒备意识，对诱惑提高警惕，采取坚决拒绝的态度，不轻信盲从。例如，不轻易和陌生人搭讪，不接受陌生人提供的香烟和饮料；尽量不前往娱乐场所，饮用饮品需谨慎，不随便离开座位，离开座位时最好有人看守饮料、食物等。

【案例】何某是某校学生，2019 年 10 月 17 日、19 日，他两次在凌晨实施持刀抢劫，抢得现金 780 多元以及两部手机。被抓获后，何某说，上学期间他沉迷于网络赌博，不仅输光了学费，网上贷款的数万元也无法偿还，他不敢再向家里要钱，于是产生了抢劫犯罪的念头。

2020 年 2 月，人民法院经审理作出判决：被告人何某犯抢劫罪，判处有期徒刑 5 年 6 个月。

第六节　防范恐怖活动

近年来，全球范围内的恐怖活动此起彼伏，造成大量人员伤亡和财产损失。恐怖活动严重威胁世界和平与发展，成为人类的公敌。面对恐怖活动，没有哪个国家能独善其身。建立起防范恐怖活动的铜墙铁壁，离不开每一位公民的支持和参与。

恐怖活动是指以制造社会恐慌、危害公共安全或者胁迫国家机关、国际组织为目的，采取暴力、破坏、恐吓等手段，造成或者意图造成人员伤亡、重大财产损失、公共设施损坏、社会秩序混乱等严重危害社会的行为，以及煽动、资助或者以其他方式协助实施上述活动的行为。为实施恐怖活动而组成的犯罪集团被称为恐怖活动组织，策划、组织、实施恐怖活动的人和恐怖活动组织的成员被称为恐怖活动人员。

一、反恐怖主义法

为了防范和惩治恐怖活动，加强反恐怖主义工作，维护国家安全、公共安全和人民生命财产安全，我国制定了《中华人民共和国反恐怖主义法》（以下简称《反恐怖主义法》），于 2016 年 1 月 1 日起施行。《反恐怖主义法》从国家层面全面系统地规定了我国反恐怖工作的体制、机制、手段、措施，为我国依法打击恐怖主义活动提供法律依据和保障，具有重大的法律和现实意义。

《反恐怖主义法》对恐怖活动组织和人员的认定、安全防范、情报信息、调查、应对处置、国际合作、保障措施、法律责任等方面作出了全面规定，进一步健全了我国关于反恐怖主义法律制度建设，完善了有中国特色的社会主义法律体系，将反恐怖工作纳入法治化轨道，为依法打击恐怖主义活动提供了法律依据。

二、常见的恐怖活动

1. 常规手段
（1）袭击，主要包括砍杀、冲撞、碾压、纵火、爆炸、枪击等恐怖袭击。
（2）劫持，主要包括劫持人，以及劫持车辆、船、飞机等。
（3）破坏，破坏电力、交通、通信、供气、供水设施等。

2．非常规手段

（1）核与辐射恐怖袭击。通过核爆炸或放射性物质的散布，造成环境污染或使人员受到辐射照射。

（2）生物恐怖袭击。利用有害生物或有害生物制品侵害人、农作物、家畜等，如美国曾发生的炭疽邮件事件。

（3）化学恐怖袭击。利用有毒、有害化学物质侵害人、城市重要基础设施、食品与饮用水等，如东京地铁沙林毒气袭击事件。

（4）网络恐怖袭击。利用网络散布恐怖信息、组织恐怖活动、攻击计算机程序和信息系统等。

三、恐怖活动嫌疑人的识别

实施恐怖活动的嫌疑人脸上不会贴有标签，但会有一些不同寻常的举止行为可以引起我们的警惕。

1．神情异常

神情恐慌，说话支支吾吾，东张西望。

2．物品异常

携带管制工具、斧头，以及类似爆炸物的危险物品。

3．行为异常

反复在商场、医院、车站等人员密集场所以及党政机关办公区附近徘徊观察。

4．貌似嫌疑人

长相疑似被通缉的嫌疑犯。

四、发现恐怖活动嫌疑人的处理办法

1．保持镇静

不要引起对方警觉。

2．迅速报警

直接拨打"110"，反映可疑情况。

3．牢记特征

尽可能记住嫌疑人及交往人员体貌特征，在确保不被发现的情况下，可用手机对人和物品进行拍照。

4．确保安全

做好自身保护，防止被可疑人发觉。

五、遭遇恐怖活动的应对措施

对我们来说，面对凶残的恐怖活动人员，这是一场不讲规则、没有底线、完全不对等的战斗。因此，一旦意识到身边可能发生恐怖活动，首先要确保自身安全，及时报警。

1. 报警时要注意的事项

（1）沉着冷静。保持冷静，不要恐慌。

（2）确定安全。判明自己目前是否面临危险，如果有危险，做好个人防护，迅速离开危险区域或就地隐蔽。

（3）报警内容。首先报告最重要的内容，包括地点、时间、发生什么事件、后果等。如果是砍杀事件，说清位置、嫌疑人数、体貌特征、衣着打扮、伤亡人数等；如果是纵火事件，说清发生火灾地点，是哪个区、哪条路、哪个小区、第几栋楼、几层楼，附近有无危险物等。

2. 遭遇恐怖活动时的应急措施

（1）立即离开事发区域，不要围观、停留，不要贪恋财物，如果无法逃避时，应利用地形和遮蔽物遮掩、躲藏。

（2）保持镇静，不要惊恐喊叫，避免增加周围人的恐惧，引起更大的混乱和伤亡。

（3）在确保个人安全的情况下，及时报警、呼救和救助他人。

（4）逃离现场时应避免拥挤，以免因拥挤、踩踏受伤。

（5）如果遇不明气体或液体，应迅速躲避，并用毛巾、衣物等捂住口鼻，做好防护措施。

六、自觉抵制恐怖主义思想

1. 恐怖主义思想传播途径

（1）含有恐怖活动组织宣扬暴力、煽动实施恐怖袭击、煽动破坏社会秩序内容的音频、视频、图片等。

（2）含有恐怖主义思想、鼓吹通过暴力解决问题等内容的传单、小册子等。

（3）宣扬恐怖主义的网络言论、公开言论等。

（4）代表恐怖活动组织、恐怖主义的标识、旗帜等。

2. 远离恐怖主义思想的渗透

（1）及时停止观看。

（2）不在手机或计算机上下载、保存相关宣传品图片、音频、视频。

（3）不散布、不转发、不传看相关宣传品图片、音频、视频。

（4）对在网络公共空间传播的含有恐怖主义的言论、图片、音频、视频等，不评论、不讨论。

（5）通过视频网站设立的"暴恐音视频举报专区"链接，或各类手机应用的违法举报入口进行举报。

第四章　消防安全

火给人类带来了温暖和光明，但火一旦失去控制，也会给人类带来灾难。火灾不仅会造成惨重的直接和间接财产损失，还会造成大量的人员伤亡，产生不良的社会影响。据统计，2020 年，全国消防救援队伍共接报火灾 25.2 万起，造成 1 183 人死亡，775 人受伤，直接财产损失 40.09 亿元。

第一节　消防安全基本常识

一、火灾的基本知识

1. 火灾的定义及分类

火灾是火在时间和空间上失去控制并造成一定危害的燃烧现象。按燃烧物质及其特性，火灾可分为 6 类，见表 4-1。

表 4-1　　　　　　　　　　　　　　　火灾的分类

火灾类型	燃烧物	适用灭火器
A 类 （固体物质火灾）	木材、棉、毛、麻、纸张等	水基型（水雾、泡沫）灭火器、ABC 类干粉灭火器
B 类 （液体或可熔化固体物质火灾）	汽油、煤油、柴油、原油、甲醇、乙醇等	水基型（水雾、泡沫）灭火器、干粉灭火器、洁净气体灭火器、二氧化碳灭火器（只适合扑救油制品、油脂等火灾）
C 类 （气体火灾）	天然气、煤气、氢气、甲烷、乙烷等	干粉灭火器、水基型（水雾）灭火器、洁净气体灭火器、二氧化碳灭火器
D 类 （金属火灾）	钾、钠、镁、钛、锂、铝镁等	7150 灭火器
E 类 （带电火灾）	发电机房、变压器室、配电间等	最好使用二氧化碳灭火器、洁净气体灭火器，如果没有，也可使用干粉灭火器、水基型（水雾）灭火器

续表

火灾类型	燃烧物	适用灭火器
F类 （烹饪器具内烹饪物火灾）	动植物油脂	干粉灭火器、水基型（水雾）灭火器

注：①D类火灾必须由专业人员灭火，以免不合理地使用灭火剂而适得其反。

②发生E类火灾时，为防止短路或触电，不得选用有金属喇叭喷筒的二氧化碳灭火器；如果电压超过600 V，必须先断电后灭火（600 V以上电压可能击穿二氧化碳，使其导电，危害人身安全）。

2. 燃烧的必要条件

燃烧是一种发光、发热的化学反应，俗称"起火""着火"，它需具备以下3个条件。

（1）可燃物。可燃物按其物理状态分为气体、液体和固体，如天然气、汽油、酒精、木材、纸张等。

（2）助燃物。助燃物主要为氧气或空气，其他助燃物有各类氧化剂，如过氧化物、硝酸及其盐类。

（3）引火源。指能引起物质燃烧的点燃能源，如明火、高温物体、电热能（电流发热、电火花）等。

3. 火灾的发展过程

火灾的发展一般分为初起期、发展期、最盛期和熄灭期。

（1）初起期。燃烧面积不大，火焰温度不高，辐射热不强，火势发展较慢。

（2）发展期。发展期也称为自由燃烧阶段。由于初起火灾没有被及时发现并扑灭，随着燃烧时间延长，温度升高，周围的可燃物质或建筑构件被迅速加热，气体对流增强，燃烧速度加快，燃烧面积迅速扩大，形成了燃烧发展阶段。

（3）最盛期。由于燃烧时间继续延长，燃烧速度不断加快，燃烧面积迅速扩大，燃烧温度急剧上升，气体对流达到最快的速度，辐射热最强。

（4）熄灭期。由于灭火剂的作用或因可燃材料已烧尽，火势逐渐减弱直到熄灭。

根据火灾发展的阶段性特点，在灭火中，必须抓住时机，力争将火灾扑灭在初起阶段。

二、常见消防器材

1. 灭火器

灭火器是一种内部填充各类灭火剂的可携式灭火工具。常用灭火器有手提式和推车式两种类型。其中，手提式灭火器一般由瓶体、灭火剂、灭火器阀门（一般为铜质）、压把、提把、保险销、压力表、软管、喷管等部分组成，如图4-1所示。灭火器是最常见的防火设施之一，不同种类的灭火器内装填灭火剂的成分不一样，是专为不同的火灾类型而设，灭火器使用说明上一般都标明了适合扑救的火灾类型。常用的灭火器有水基型灭火器、二氧化碳灭火器、干粉灭火器和洁净气体灭火器等。

（1）水基型灭火器。水基型灭火器灭火原理属于物理性灭火。灭火剂在喷射后，成水雾状，瞬间蒸发火场大量的热量，迅速降低火场温度，抑制热辐射，其中的表面活性剂在可燃物表面迅速形成一层水膜，隔离氧气，起到降温、隔离双重作用，从而达到快速灭火的目的。

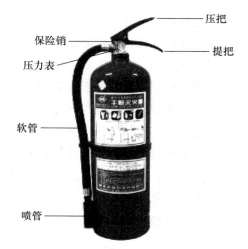

图 4-1 灭火器结构（以干粉灭火器为例）

水基型灭火器分为水雾灭火器和泡沫灭火器两种。其中，水雾灭火器主要适用于 A 类、B 类、C 类、E 类、F 类火灾灭火，除可燃金属起火外全部可以扑救，并可绝缘 36 kV 电；泡沫灭火器主要用于 A 类、B 类火灾灭火。

（2）二氧化碳灭火器。二氧化碳灭火器已经有 100 多年历史，其价格低廉，获取、制备容易，主要依靠窒息作用和部分冷却作用灭火，但二氧化碳灭火剂具有低毒性。

二氧化碳灭火器主要适用于扑救 B 类、C 类、E 类火灾，即用来扑灭图书、档案、贵重设备、精密仪器、600 V 以下电气设备及油类的初起火灾。二氧化碳灭火器不能扑救水溶性可燃、易燃液体的火灾，如醇、酯、醚、酮等物质的火灾。

（3）干粉灭火器。干粉灭火器内部装有磷酸铵盐等干粉灭火剂，这种干粉灭火剂具有易流动性、干燥性，由无机盐和粉碎干燥的添加剂组成，可有效扑救初起火灾。干粉灭火剂一般分为 BC 干粉灭火剂（碳酸氢钠）和 ABC 干粉灭火剂（磷酸铵盐）两大类。

装有 BC 干粉灭火剂的灭火器适用于扑救易燃、可燃液体、气体及带电设备的初起火灾；装有 ABC 干粉灭火剂的灭火器除可用于扑救上述几类火灾外，还可扑救固体物质的初起火灾。干粉灭火器适用范围广，可用于扑救除 D 类火灾外的其他类火灾。

（4）洁净气体灭火器。洁净气体灭火器是指充装了洁净灭火剂（如 IG541、七氟丙烷、六氟丙烷、三氟甲烷等）的灭火器。它具有环保、高效的优点，但灭火剂成本很高，使用不广泛，适用于对污染敏感度高的场所灭火。

灭火器的基本使用方法如图 4-2 所示。

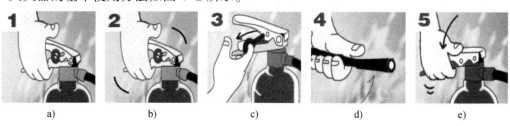

图 4-2 灭火器使用方法

a）提起灭火器 b）左右摇晃 c）拔下保险销 d）喷口对准火源底部 e）用力压下手柄

在室外使用灭火器时，应选择站在火源的上风方向喷射；在室内窄小空间使用时，灭火后操作者应迅速离开，以防窒息。使用二氧化碳灭火器时，不能直接用手抓住喇叭筒外壁或金属连接管，防止手被冻伤。

2. 室内消火栓

室内消火栓是建筑物用于火灾消防的基本设施，与消火栓配套使用的还有水枪、水带、报警按钮和消火栓箱，如图4-3所示。当发生火灾时，找到离火场距离最近的消火栓，打开消火栓箱门，取下水枪、水带；将水带的一端接在消火栓出水口上，另一端接好水枪，拉到起火点附近，逆时针旋转打开消火栓阀门，水枪对准燃烧点喷射。在使用室内消火栓时需注意，应至少有3人才可使用消火栓灭火，其中2人握水枪，1人开阀门；防止水枪与水带、水带与阀门脱开，造成高压水伤人；灭火前必须确定火场电源已切断，否则不能使用消火栓灭火。

a)   b)

图4-3　室内消火栓

a）室内消火栓箱　b）主要部件

3. 消防应急照明灯

消防应急照明灯是为人员疏散、消防作业提供照明的消防应急灯具。它平时利用外接电源供电，在断电时自动切换到电池供电状态。消防应急照明灯适合工厂、酒店、学校、机关单位等公共场所，以备停电时作应急照明之用，如图4-4所示。

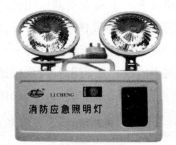

图4-4　消防应急照明灯

4. 其他常见消防器材

除了上述几种主要消防器材，我们身边常见的消防器材还有火灾探测器、火灾报警按钮、消防喷淋头等，如图4-5所示。

三、消防标志

消防标志是用于表明消防设施特征的符号，用于说明建筑配备的各种消防设备、设施安装的位置，并引导人们在发生火灾时采取合理正确的措施。

 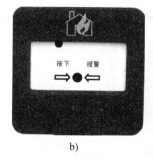 

a)   b)   c)

图 4-5 其他常见消防器材

a）火灾探测器 b）火灾报警按钮 c）消防喷淋头

经实践应用表明，在疏散走道和主要疏散路线的地面上或靠近地面的墙上设置发光疏散指示标志，能够有效帮助人们安全疏散。总结以往的火灾事故，往往是在发生火灾的初期，人们看不到消防标志，找不到消防设施，而不能采取正确的疏散和灭火措施，最终导致大量的人员伤亡。因此，认识和掌握消防标志的含义尤为重要。我国的消防标志主要包括火灾报警装置标志、紧急疏散逃生标志、灭火设备标志、禁止和警告标志几大类，具体见表4-2。

表 4-2   主要消防标志

序号	类别	标志图形	标志名称	说明
1	火灾报警装置标志		消防按钮	指示火灾报警按钮和消防设备启动按钮的位置
			发声报警装置	表示发声报警器的位置
			火警电话	表示火警电话的位置和号码
2	紧急疏散逃生标志		安全出口	提示通往安全场所的疏散出口

续表

序号	类别	标志图形	标志名称	说明
2	紧急疏散逃生标志		推开、拉开	提示门的推拉方向
			滑动开门	提示滑动门的位置及开门方向
			击碎面板	提示需击碎面板才能取得钥匙、工具，操作应急设备或开启紧急逃生出口
			逃生梯	指示固定安装的逃生梯的位置
3	灭火设备标志		灭火设备	指示灭火设备集中摆放的位置
			手提式灭火器	指示手提式灭火器的位置
			推车式灭火器	指示推车式灭火器的位置
			消防炮	指示消防炮的位置

续表

序号	类别	标志图形	标志名称	说明
3	灭火设备标志		消防软管卷盘	指示消防软管卷盘、消火栓箱、消防水带的位置
			地下消火栓	指示地下消火栓的位置
			消防水泵接合器	指示消防水泵接合器的位置
4	禁止和警告标志		禁止吸烟	表示禁止吸烟
			禁止烟火	表示禁止使用明火
			禁止存放易燃物	表示禁止存放易燃物品
			禁止燃放鞭炮	表示此处禁止燃放鞭炮
			禁止用水灭火	表示禁止用水作为灭火剂或用水灭火

续表

序号	类别	标志图形	标志名称	说明
4	禁止和警告标志		禁止阻塞	表示禁止阻塞的指定区域（如疏散通道）
			禁止锁闭	表示禁止锁闭的指定部位（如疏散通道和安全出口的门）
			当心易燃物	警示来自易燃物质的危险
			当心氧化物	警示来自氧化物的危险
			当心爆炸物	警示来自爆炸物的危险，在爆炸物附近或处置爆炸物时应当心

第二节 预防火灾

《中华人民共和国消防法》第二条规定，消防工作贯彻预防为主、防消结合的方针。在现实生活中，各种火灾时有发生，我们必须切实做好有效的预防措施，才能减少火灾的发生，保障生命财产的安全。任何单位和个人都有维护消防安全、保护消防设施、预防火灾、报告火警的义务。任何单位和成年人都有参加有组织的灭火工作的义务。

一、发生火灾的主要原因

在我国，根据以往火灾统计数据分析，主要有以下几种引发火灾的原因。

1. 电气原因

电气原因引起的火灾起数在我国所有火灾中居于首位。电气设备过负荷、电气线路接头接触不良、电气线路短路等是电气引起火灾的直接原因。其间接原因是电气设备故障或者电气设备设置和使用不当，如使用电热扇时摆放距离可燃物较近，超负荷使用电器，购买使用劣质开关、插座、灯具，使用不匹配充电器，忘记关闭电器电源等。

> 【案例】2020 年 10 月 11 日，某市一所职业院校女生宿舍楼一寝室突发火灾，导致寝室内所有衣物、棉被、书籍、床铺等可燃物均被烧毁。因扑救及时，没有造成人员伤亡。事后经查是学生手机在床上长时间充电，造成充电器过热，引发了火灾。

近年来，我国电动车火灾事故频发，并呈逐年增长趋势，起火原因主要为电气故障。电动车大多在室内停放和充电，有的甚至停放在走道、楼梯间等公共区域。由于电动车车体大部分为易燃可燃材料，一旦起火，燃烧速度快，并产生大量有毒烟气，人员逃生困难，极易造成伤亡。

公安部《关于规范电动车停放充电加强火灾防范的通告》明确规定："公民应当将电动车停放在安全地点，充电时应当确保安全。严禁在建筑内的共用走道、楼梯间、安全出口处等公共区域停放电动车或者为电动车充电。公民应尽量不在个人住房内停放电动车或为电动车充电；确需停放和充电的，应当落实隔离、监护等防范措施，防止发生火灾。"

> 【案例】2019 年 5 月 5 日，某学院附近一栋村民自建房发生火灾，造成 5 死 38 伤。起火楼房三至六层为公寓，有多名学生租住。平时公寓内的住户将电动车停放在一层楼梯间内充电。经调查，此次事故由一层楼梯间电动车起火导致。

2. 吸烟

烟蒂和点燃香烟后未熄灭的火柴梗中心温度可达 800 ℃，能引起许多可燃物燃烧。在起火原因中，由于吸烟引发的火灾占有相当的比例，2011—2021 年 10 年间，因吸烟引发的火灾就有 19.7 万起。吸烟引发火灾的具体原因包括：①将没有熄灭的烟头或者火柴梗扔在可燃物中引起火灾；②躺在床上，特别是醉酒后躺在床上吸烟，烟头掉落在被褥上引起火灾；③在禁止火种的火灾高危场所，违章吸烟引起火灾事故等。

> 【案例】某高职院校一寝室发生火灾，所幸无人员伤亡。事后经调查是某宿舍上铺的学生吸烟，将未完全熄灭的烟头扔进垃圾桶，引燃里面的可燃物，继而引燃蚊帐。

3. 生活用火不慎

生活用火不慎主要指城乡居民家庭生活用火不慎，如燃气灶具超限使用，部件已经严重老化变形，无熄火保护装置，极易导致回火、熄火，煤气或天然气泄漏，引起火灾和爆炸；做饭时有事外出，忘记关火，或油锅起火处置不当等引起火灾。

> **【案例】** 某市一学院食堂因后厨一名炒菜师傅在没有关火的情况下离开灶台，造成油锅着火，并引发烟道着火。因扑救及时，没有造成人员伤亡。

4. 生产作业不慎

生产作业不慎主要指违反生产安全制度引起的火灾。例如，在易燃易爆的车间内动用明火，引起爆炸起火；将可发生强烈化学反应的物品混存在一起，引起燃烧爆炸；用电气焊操作时，因未采取有效的防火措施，飞溅出的大量火星和熔渣引燃周围可燃物；在机器设备运转过程中，不按时添加润滑油，或没有清除附在机器轴承上面的杂质、废物，使机器该部位摩擦发热，引起附着物起火等。

> **【案例】** 某日14时15分，某市一高层教师公寓起火，火灾造成58人死亡、71人受伤，直接经济损失1.58亿元。经查，当日14时14分，电焊工吴某和工人王某在加固脚手架的悬挑支架过程中违规进行电焊作业，从而引发火灾。

5. 设备故障

在生产或生活中，一些设施设备疏于维护保养，导致在使用过程中无法正常运行，因摩擦、过载、短路等造成局部过热，从而引发火灾。如一些电子设备（手机、笔记本电脑）长期处于工作或通（充）电状态，因散热不力导致内部故障而引起火灾。

6. 玩火

未成年人因缺乏看管，好奇心强，玩火取乐，也是造成火灾发生的常见原因之一。每逢节日庆典，不少人喜爱燃放烟花爆竹或者点孔明灯来增加气氛，被点燃的烟花爆竹或孔明灯本身即火源，稍有不慎，就易引发火灾，还会造成人员伤亡。

7. 放火

由人为放火的方式引起的火灾是当事人故意为之，通常经过一定的策划准备，因而往往缺乏初期救助，火灾发展迅速，后果严重。

8. 雷电

雷电引发的火灾和爆炸也时有发生，给人们带来生命财产损失。

二、火灾的预防

1. 家庭火灾预防措施

我国有14亿人口、3亿多个家庭，家庭是社会的最小单元，家庭日常所处的居民住宅也是受火灾影响最大的场所。2020年，我国共发生居民住宅火灾10.9万起，占火灾总数的43.4%，造成917人死亡、499人受伤，分别占总数的77.5%和64.4%，特别是发生较大火灾38起，占总数的58.5%。家庭火灾造成的损失巨大，做好火灾预防工作是每一个家庭幸福安康的前提。

（1）经常检查家中的电气线路是否有破损，电线是否裸露、发烫，以及家中电器是否属超负荷使用等，如果发现电线老化严重应及时更换。

（2）检查厨房内的液化气灶导气软管是否漏气，切忌漏气时使用灶具；厨房的燃气具是否放在通风良好的地方；在使用燃气具时，是否开窗通风。应经常对液化气灶、导气软管、气瓶做定期保养。

（3）检查家中的电视机、取暖器等家用电器的位置摆放是否合适。电视机摆放在干燥、洁净、通风处，不要存放在易燃、易爆液体或气体周围，防止电视机放电打火，引燃可燃易燃物品。窗帘不能搭在窗式空调器上。各种电器的插座应远离火源，电源线如果有破损应及时更换，防止出现短路。各种家电停止使用时，应及时切断电源，对性能不良、质量不过硬的家电应及时维修、更换。

（4）检查家中的香水、摩丝、指甲油和打火机等易燃易爆日常生活用品是否放在阴凉干燥处，不可靠近热源、火源，以及阳光直射的地方。

（5）检查住宅楼梯口、家中阳台是否堆放杂物，最好不要安装栅栏式封闭阳台和防盗窗，以免在发生火灾事故时切断了自己的逃生之路。

（6）家庭应准备小型灭火器（适用于扑救A类、B类、C类火灾）、防火毯、应急逃生绳、简易防毒面具、强光手电筒等应急器具。将它们放在随手可取的位置，危急关头便能派上大用场。

2. 学校火灾预防措施

学校，尤其是职业学校，人员密度大，实验（实训）设施设备、易燃可燃物较其他学校更多，一旦发生火情，极易造成后果严重的火灾事故，严重威胁师生的生命安全，影响正常教学秩序。在校师生除了要按规定定期开展消防演练，还应掌握必备的火灾预防措施。

（1）实验（实训）室火灾预防措施

1）定期进行安全检查，防止电线老化或超载工作引发火灾。

2）按规定配备消防器具，并放到明显、便于拿取的位置。

3）教师和学生能熟练使用消防器具。

4）实验（实训）材料和工具器材按规定有序存放。

5）每次实验（实训）课前，指导教师必须事先对实验（实训）项目和安全操作规程进行详细说明，并全程跟踪实验（实训）过程。

6）实验（实训）结束后，指导教师应及时对实验（实训）室进行全面检查，确保各类设备、电、水、气关闭，清理实验（实训）废物或残留易燃物，不留火灾隐患。

7）一旦发生火情，指导教师要保持镇静，立即采取果断措施，迅速切断火源，并用自备的灭火器进行灭火，防止火势蔓延扩大。

8）维护现场秩序，组织学生有序撤离，防止在疏散过程中发生拥挤踩踏。

（2）宿舍火灾预防措施

1）严禁私自乱拉电源线路，避免电线缠绕在金属床架上或穿行于可燃物中间，避免接线板被可燃物覆盖。

2）严禁违规使用电热器具，如热得快、电热毯等。

3）严禁使用大功率电器，如电炉子、电暖气等。

4）使用电器要有人看管，必须人走电断，手机、笔记本电脑不能长时间无人看管充电。

5）不可用明火照明，灯泡照明不得用可燃物作灯罩。

6）严禁在宿舍内吸烟和燃烧杂物。

7）严禁在室内存放易燃易爆物品。

8）不使用假冒伪劣电器。

3. 公共场所火灾预防措施

商场、影剧院、俱乐部、文化宫、体育馆、图书馆、展览馆等公共场所具有面积大、人员集中、易燃可燃物质多、电气设备多、火灾危险性大的特点，这些场所一旦发生火灾，损失惨重。

（1）公共场所应开展从业人员安全知识培训，学习消防及其他安全知识。

（2）开辟宣传专栏，大力宣传消防法律法规、防火灭火常识和火场逃生知识，加强警示教育。

（3）制订完善的公共场所灭火应急疏散预案，并组织从业人员进行演练，提高火灾自防自救与应急处置能力。

（4）严禁在营业时进行设备检修、电气焊、油漆粉刷等施工维护作业；严禁锁闭或堵塞安全出口、疏散通道，必须确保安全出口、疏散通道畅通无阻。

（5）严禁乱扔烟头。划定禁烟区，吸烟室内应设置烟灰缸。

（6）严禁带入和存放易燃易爆物品。

（7）严格管理各种火源，及时清扫烟头等火种及可燃物。禁止使用蜡烛等明火取代电气照明。

第三节　火灾自救与逃生

一、火灾报警

《中华人民共和国消防法》明确规定，任何人发现火灾都应当立即报警。任何单位、个人都应当无偿为报警者提供便利，不得阻拦报警，严禁谎报火警。

报警具体方法如下。

（1）拨通"119"电话后，应再追问对方一遍是不是"119"，以免打错电话。

（2）详细准确报出失火地址。如果说不清楚，也要说出地理位置，说出周围明显的建筑物或道路标志。

（3）要说清楚燃烧对象和火势大小，有无爆炸物品、危险化学品，是否有人员被火围困，以便消防部门派出相应的消防车辆。

（4）要注意听清楚消防队的询问，正确简洁地予以回答，待对方明确说明可以挂电话时方可挂断电话。

（5）电话挂断后，应派人在路口接应消防车。

二、火灾隐患报警

"96119"是全国消防局正式开通的火灾隐患举报投诉电话，当发现以下消防安全违法行为及火灾隐患时，可以拨打"96119"进行举报投诉。

（1）建设工程未依法经消防设计审核或者消防验收合格，擅自施工或者投入使用的，或者未依法进行消防设计、竣工验收备案的。

（2）公众聚集场所未经消防机构消防安全检查合格，擅自投入使用、营业的。

（3）火灾自动报警系统、自动灭火系统等消防设施严重损坏或者擅自拆除、停用的。

（4）占用、堵塞、封闭疏散通道、安全出口或者有其他妨碍安全疏散情形的。

（5）埋压、圈占、遮挡消火栓或者占用防火间距的。

（6）占用、堵塞、封闭消防车通道，妨碍消防车通行的。

（7）人员密集场所在外墙、门窗上设置影响逃生和灭火救援障碍物的。

（8）生产、储存、经营易燃易爆危险品场所与居住场所设置在同一建筑物内的。

拨打"96119"举报时，应当详细说明消防安全违法行为及火灾隐患的具体时间、地点和情形，并表明真实姓名及联系电话等，对以上举报内容要素描述不清晰的将视为虚假举报，不予受理。消防部门对举报人的身份信息等将进行严格保密。

三、初起火灾的扑救

1. 初起火灾的扑灭原则

（1）先控制，后消灭。对于不能立即扑灭的火灾，首先要控制火势的蔓延和扩大，然后在此基础上一举消除火灾。例如，燃气管道着火后，要迅速关闭阀门，断绝气源，堵塞漏洞，防止气体扩散，同时保护受火灾威胁的其他设施；当建筑物一端起火向另一端蔓延时，应从中间适当位置控制。对于扑救初起火灾来说，控制火势发展与消除火灾，二者没有根本界限，几乎是同时进行。应该根据火势情况与自身能力，灵活运用这一原则。

（2）先重点，后一般。在扑救初起火灾时，要全面了解和分析火场情况，区分重点和一般。要分清以下情况：人重于物，贵重物资重于一般物资，火势蔓延迅猛地带重于火势蔓延缓慢地带，有爆炸、毒害、倒塌危险的要重于没有这些危险的，火场下风向重于火场上风向，易燃、可燃物集中区域重于这类物品较少的区域，要害部位重于非要害部位。

（3）防中毒、防窒息。许多化学物品燃烧时会产生有毒烟雾，如果使用灭火剂不当，也会产生有毒或剧毒气体，扑救人员如不注意很容易发生中毒。当空气中弥漫大量烟雾或使用二氧化碳灭火器时，火场附近空气中氧含量降低，可能引起窒息。扑救人员应尽可能站在上风向，必要时佩戴防毒面具，以防中毒或窒息。

（4）听指挥，莫惊慌。发生火灾时，切莫慌乱。在慌乱中可能会把可燃物质当作灭火工具来使用，反而会造成火势迅速扩大；也可能会因为没有正确使用灭火器材而白白浪费灭火时间。因此，发生火灾时一定要冷静，采取正确措施扑灭初起火灾。在消防人员赶来之前，为有效地扑救火灾，必须听从火场指挥员的指挥，相互配合，完成扑救任务。

2. 初起火灾的基本扑救方法

（1）灭火的基本方法。一切灭火措施都是破坏火灾的燃烧条件，或终止燃烧的连锁反应而使火熄灭，以及把火势控制在一定范围内，最大限度地减少火灾损失。

1）冷却法。比如用水扑灭一般固体物质的火灾，通过水来大量吸收热量，使燃烧物的温度迅速降低，最后使燃烧终止。

2）窒息法。比如用二氧化碳、氮气、水蒸气等来降低氧浓度，使燃烧不能持续。

3）隔离法。比如用泡沫灭火剂灭火，通过产生的泡沫覆盖于燃烧体表面，在冷却作用的同时，把可燃物同火焰和空气隔离开来，达到灭火的目的。

4）化学抑制法。比如用干粉灭火剂通过化学作用，破坏燃烧的链式反应，使燃烧终止。

（2）常见的灭火方法。对于不同原因、不同材料引起的火灾，灭火的方法也不同。常见的灭火方法有以下几种。

1）电器起火应迅速拔下电源插头，切断电源，防止灭火时触电伤亡；用棉被、毛毯等不透气的物品将电器包裹起来，隔绝空气；用灭火器灭火时，灭火剂不应直接射向电视机荧光屏等部位，防止热胀冷缩引起爆炸。

2）一般起火可用灭火器直接向火源喷射，或将水倒在燃烧的物品上，或盖上毯子后再浇一些水。火扑灭后，仍要多浇水，使其冷却，防止复燃。

3）固定办公家具着火，应迅速将旁边的可燃、易燃物品移开。如果备有灭火器，可用其向着火家具喷射；如果没有灭火器，可用水桶、水盆等盛水扑救，以争取时间，把火消灭在初起状态。

4）窗帘织物着火时，浇水最有效，应在火焰的上方呈弧形泼水；或用浸湿的扫帚拍打火焰；如果用水已来不及灭火，可将窗帘撕下，用脚踩灭。

5）汽油或煤气着火，应迅速关掉阀门，立即用灭火器灭火。没有灭火器时，可用沙土扑救，或把毛毯浸湿，覆盖在着火物体上，但千万不能向其浇水，否则会使浮在水面上的油继续燃烧，并随着水到处蔓延，扩大燃烧面积，危及周围安全。

6）酒精着火，可用沙土扑灭，或者用浸湿的麻袋、棉被等覆盖灭火。如果有抗溶性泡沫灭火器，可用来灭火。因为普通泡沫即使喷在酒精上，也无法在酒精表面形成能隔绝空气的泡沫层。所以，对于酒精等溶液起火，应首选抗溶性泡沫灭火器来扑救。

四、火场的自救与逃生措施

一般而言，火灾若发生在平房或室外，人们自救和逃生相对容易一些，若火灾发生在多层建筑中，人们自救和逃生就会有一定的难度，需要掌握一定的方法才可转危为安，哪怕不能第一时间逃出火场，也要为后续救援赢得时间。

1. 保持冷静

在火灾突然发生的情况下，由于烟气及火的出现，伴随着高温的灼烤，场面混乱，多数人会感到十分恐慌。突遇火灾，面对浓烟和烈火，首先要迫使自己保持镇静，保持清醒的头脑，不要惊慌失措，快速判明危险地点和安全地点，决定逃生的办法，千万不要盲目地跟从人流相互拥挤、乱冲乱撞。逃生前多用几秒钟考虑一下自己的处境及火势情况，以作出正确的判断，采取正确的措施。

2. 熟悉环境

了解和熟悉所处建筑的消防安全环境。平时要有危机意识，对经常工作或居住的建筑物，可事先制订较为详细的火灾逃生计划，对确定的逃生出口、路线和方法要熟悉掌握，并加以演练。初到陌生环境时，应养成先熟悉环境，了解消防逃生通道的习惯。只有警钟长鸣，居安思危，时刻树立消防安全意识，才能处险不惊，临危不乱。

3. 迅速撤离

火场逃生是争分夺秒的行动。一旦听到火灾警报或意识到自己被烟火围困，或出现突然停电等异常情况时，千万不要迟疑，动作越快越好，切不要因穿衣服或贪恋财物而延误逃生良机，此时逃生是第一要务。楼房着火时，应根据火势情况，从最便捷、最安全的通道逃生。逃生时不要使用普通电梯，因为烟气会通过电梯井蔓延，也可能因突然停电打不开电梯门而无法逃生。

4. 标志引导

在公共场所的墙壁上、门框上，都设置了"安全出口""逃生方向箭头"等疏散标志，当看到这些标志时，应立即按照标志指示的方向逃生。

5. 有序疏散

在人员密集场所，逃生过程中极易出现拥挤、聚堆，甚至倾倒践踏的现象，造成通道堵塞，最终酿成群死群伤的悲剧。

6. 注意保护

火灾中的烟气不仅妨碍人们从火灾中逃生，还会对人的呼吸系统造成损伤。火灾烟气中含有大量的一氧化碳、二氧化硫等有毒、有害气体。火灾中可以用防毒面具或湿手帕、毛巾捂住口鼻，弯腰或匍匐转移，防止吸入烟气引起中毒窒息。如果身上衣服着火，千万不能惊跑或用手拍打，因为奔跑或拍打时会形成风势，加速补充氧气，促旺火势。此时，应迅速将衣服脱下，如果来不及脱掉可就地翻滚，或用厚重衣物覆盖压灭火苗。

7. 借助器材

在发生火灾时，要利用一切可利用的条件逃生，如救生缓降器、救生滑道等，充分利用这些器具逃离火场。当通道全部被浓烟烈火封锁时，可利用结实的绳子拴在牢固的窗框、床架等处，顺绳索沿墙缓慢地滑到地面或下面的楼层以脱离险境。如果没有绳子，也可将窗帘、床单、被褥、衣服等撕成条，拧成绳，用水浸湿代替。

8. 暂时避难

在无路可逃的情况下，应积极寻找避难处所，如到阳台、楼顶等待救援，或选择火势、烟雾难以蔓延的房间。当实在无法逃离时，便应退回室内，设法营造一个临时避难间暂避。在被困时要主动与外界联系，设法呼救并等待援助。如果房间有电话、对讲机、手机，要及时报警。如果没有这些通信设备，白天可摇晃鲜艳的旗子或衣物、向外投掷物品；夜间可摇晃点着的打火机、划火柴、打手电筒向外报警。

如果烟味很浓，房门已经烫手，说明大火已经封门，不能再开门逃生。此时，应关紧房间临近火势的门窗，打开背火方向的门窗，但不要打碎玻璃。窗外有烟进来时，要赶紧把窗子关上。将门窗缝隙或其他孔洞用毛巾、床单等堵住或挂上湿棉被、湿毛毯、湿麻袋等不易燃物品，防止烟火入侵，并不断地向迎火的门窗及遮挡物上洒水降温，淋湿房间内的一切可燃物，同时可以把淋湿的棉被、毛毯等披在身上。

总之，在灾难面前首先要稳定自己的情绪，沉着、冷静地面对突如其来的险情，并结合实际环境状况，积极地创造生存的机会，选择安全、有效的逃生方法脱离险情。

第五章 交通安全

第一节 交通安全基本常识

据公安部交通管理局统计，截至 2021 年年底，全国机动车保有量达 3.95 亿辆，其中汽车 3.02 亿辆；机动车驾驶人达 4.81 亿人，其中，汽车驾驶人 4.44 亿人。车辆为人们提供了方便和快捷的出行工具，同时也带来了发生道路交通事故的风险。据统计，全世界百年来死于道路交通事故的人数已超过 5 000 万人。虽然近年来我国道路交通事故降幅明显，但依然属于高发。目前，我国道路交通事故年死亡人数高居世界第二位。2020 年，我国各地区共发生交通事故 244 674 起，其中死亡人数 61 703 人，受伤人数 250 723 人，直接财产损失 13.1 亿元，80% 以上的道路交通事故因交通违法所致。

为进一步提升全民交通安全意识、法治意识、文明意识，持续提升广大交通参与者"知危险、会避险"能力，公安部交通管理局对全国涉及人员伤亡的道路交通事故进行了统计分析，并梳理出十大危险驾驶行为：未按规定让行、酒驾醉驾、无证驾驶、在同车道行驶中不按规定与前车保持必要的安全距离、逆行、违反交通信号、违法会车、违法变更车道、违法超车、违法倒车。

一、交通安全的基本知识

1. 交通安全的概念

交通安全是指交通参与者在交通出行中，遵守城市交通法规，以避免发生人身伤亡或财产损失的全过程。交通参与者主要包括车辆驾驶人、行人、乘车人，以及与交通发生直接或间接关系的人群。

2. 交通安全三要素

交通安全的三个重要因素是指构成交通安全、避免交通事故的人、车、路。其中，人是交通活动的主体，在交通安全中居于关键的、核心的地位；车包括机动车和非机动车，其中机动车是大能量的、快速性的交通工具，在车这个因素中居于主要的地位；路，即道路，是交通安全的基础，也是驾驶人员驾驶环境的主要组成部分。

要保障交通安全，防止发生交通事故，就要使人、车、路三要素均处于可靠安全的状态，即驾驶员驾驶技术熟练、经验丰富、注意力集中，车辆的结构性能和技术状况良好，道路条件满足安全行车的要求。

二、交通信号

交通信号是指挥车辆和行人前进、停止或者转弯，向车辆驾驶人和行人提供各种交通信息，对道路上的交通流量进行调节、控制和疏导，以光色信号、图形、文字或者手势表示的特定信号。

我国实行统一的道路交通信号。交通信号包括交通信号灯、交通标志、交通标线和手势信号。

1. 交通信号灯

交通信号灯是交通信号的重要组成部分，是道路交通的基本语言。交通信号灯由红灯、绿灯、黄灯组成。

（1）红灯表示禁止通行，主要包括以下三种。

1）指挥灯信号。指挥灯信号俗称红绿灯，是一种普遍使用的信号，一般设在道路平面交叉路口，适时对车辆、行人发出通行和停止的命令。

红灯亮时，不准车辆、行人通行。车辆须停在停止线以内，行人必须在人行横道线路边等待放行。右转弯的车辆遇有红灯亮时，在不妨碍被放行的车辆和行人通行的情况下，可以通行。

2）车道灯信号。车道灯由绿色箭头灯和红色叉形灯组成，设在可变车道上，只对本车道起作用，如图5-1所示。红色叉形灯或者箭头灯亮时，禁止本车道车辆通行。

3）人行横道灯信号。由红、绿两色灯组成，一般在红灯面上有一个站立的人的形象，在绿灯面上有一个行走的人的形象。人

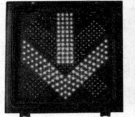

图5-1　车道灯信号

行横道灯设在人流较多的重要交叉路口的人行横道两端。灯头面向车行道，与道路中心垂直。红灯亮时，不准行人进入人行横道。

（2）绿灯表示准许通行，主要包括以下三种。

1）指挥灯信号。绿灯亮时，准许车辆、行人通行。不论机动车还是非机动车，凡是面向绿灯信号的均可直行，也可以左、右转弯。在绿灯亮期间进入路口的车辆应该让已经在路口内的车辆和正在人行横道内的行人优先通行。绿灯亮时，转弯的车辆不准妨碍直行的车辆和被放行的行人通行。

2）车道灯信号。绿色箭头灯亮时，准许所在车道车辆按箭头所示方向通行。绿色箭头灯是指绿灯中带有左转弯、直行、右转弯导向箭头的交通指挥信号灯。

3）人行横道灯信号。绿灯亮时，准许行人通过人行横道；绿灯闪烁时，不准行人进入人行横道，但已进入人行横道的，可以继续快速通行。

（3）黄灯表示警示，主要有以下两种。

1）黄灯亮时，不准车辆、行人通行，但已越过停止线的车辆，可以继续通行；右转弯车辆和 T 形路口右边无横道直行车辆，遇有黄灯亮时，在不妨碍放行车辆和行人通行的情况下，可以通行。绿灯之后的黄灯表示禁止超越。

2）黄灯闪烁时，已过禁行线的车辆、行人须在确保安全的原则下通行。

2. 交通标志

交通标志对于交通安全非常重要，被称为"永不下岗的交通警察"。我国道路交通标志分为主标志和辅助标志两大类。

（1）主标志。主标志按其含意可分为四种：警告标志、禁令标志、指示标志和指路标志。

1）警告标志。警告标志是警告车辆和行人注意危险地段、减速慢行的标志，其形状为顶角朝上的等边三角形，颜色为黄底、黑边、黑图案。部分警告标志如图 5-2 所示。

十字交叉　　T 形交叉　　环形交叉　　注意行人

注意儿童　　注意信号灯　　事故易发路段　　注意非机动车

图 5-2　部分警告标志

2）禁令标志。禁令标志是禁止或限制车辆、行人某种交通行为的标志，其形状分为圆形和顶角向下的等边三角形，颜色除个别标志外，为白底、红圈、红杠、黑图案、图案压杠。部分禁令标志如图 5-3 所示。

3）指示标志。指示标志是指示车辆、行人行进的标志，其形状分为圆形、长方形和正方形，颜色为蓝底、白图案。部分指示标志如图 5-4 所示。

4）指路标志。指路标志是传递道路方向、地点、距离信息的标志。其形状除地点识别标志外，为长方形和正方形；其颜色除里程碑、百米桩和公路界碑外，一般道路为蓝底、白图案，高速公路为绿底、白图案。部分指路标志如图 5-5 所示。

（2）辅助标志。辅助标志是附设在主标志下、起辅助说明作用的标志。这种标志不能单独设立和使用。辅助标志按其用途又分为表示时间、表示车辆种类、表示区域距离、表

图 5-3　部分禁令标志

禁止通行　　禁止驶入　　禁止直行　　禁止鸣喇叭

限制宽度　　限制高度　　限制速度　　减速让行

直行　　向左转弯　　机动车行驶　　非机动车行驶

鸣喇叭　　人行横道　　允许掉头　　单行路直行

图 5-4　部分指示标志

行政区划分界　　国道编号　　丁字交叉路口　　地点距离

此路不通　　加油站　　入口预告　　出口预告

图 5-5　部分指路标志

示警告和禁令理由的辅助标志，以及组合辅助标志等几种，其形状为长方形，颜色为白底、黑字、黑边框。此外，还有一种以电子显示屏形式出现的可变交通信息标志，它根据道路检测到的情况（如占道施工、阻塞、流量和流向的变化、气候状况等）把某种信息及时显示出来，传达给车辆驾驶人员和行人。部分辅助标志如图5-6所示。

时间范围　　　　除公共汽车外　　　　向前200m　　　　组合辅助标志

图5-6 部分辅助标志

3. 交通标线

交通标线是由标画于路面上的各种线条、箭头、文字、立面标记、突起路标和轮廓标等所构成的交通安全设施，它的作用是管制和引导交通。

（1）交通标线按设置方式可分为以下三类。

1）纵向标线。纵向标线是沿道路纵向敷设的各种线条，主要有车行道中心线和车道分界线。

①车行道中心线。车行道中心线是用来分隔对向行驶的交通流的道路交通标线，分为中心虚线、中心单实线、中心双实线和中心虚实线4种。

②车道分界线。车道分界线是用来分隔同向行驶的交通流的道路交通标线，凡同一行驶方向的车行道有两条及两条以上车道时，都画有车道分界线，平面交叉路口的车道上还有导向车道线，并画有导向箭头。

2）横向标线。横向标线是指与道路行进方向垂直的交通标线，主要包括停车线、减速（或停车）让行线和人行横道线。

3）其他标线。其他标线主要是以字符标记或其他形式表示的标线。

（2）交通标线按功能可分为以下三类。

1）指示标线。指示标线是用于指示车行道、行车方向、路面边缘、人行道等设施的标线。

2）禁止标线。禁止标线是用于告示道路交通的遵行、禁止、限制等特殊规定，车辆驾驶人及行人需严格遵守的标线。

3）警告标线。警告标线是用于帮助车辆驾驶人及行人了解道路的特殊情况，提高警觉，准备防范或采取应变措施的标线。

4. 手势信号

手势信号是道路交通安全法规定的交通信号之一，主要用于指挥、疏导交通，规范交通参与人的交通行为。新修订的手势信号减少到8种：停止信号、直行信号、左转弯信号、右转弯信号、左转弯待转信号、变道信号、减速慢行信号、示意车辆靠边停车信号。

（1）停止信号。左臂向前上方直伸，掌心向前，不准前方车辆通行。如图5-7所示。

图 5-7 停止信号

（2）直行信号。左臂向左平伸，掌心向前；右臂向右平伸，掌心向前，向左摆动，准许右方直行的车辆通行。如图5-8所示。

图 5-8 直行信号

（3）左转弯信号。右臂向前平伸，掌心向前；左臂与手掌平直向右前方摆动，掌心向右，准许车辆左转弯，在不妨碍被放行车辆通行的情况下可以掉头。如图5-9所示。

图 5-9 左转弯信号

（4）右转弯信号。左臂向前平伸，掌心向前；右臂与手掌平直向左前方摆动，手掌向左，准许右方的车辆右转弯。如图5-10所示。

（5）左转弯待转信号。左臂向左下方平伸，掌心向下；左臂与手掌平直向下方摆动，准许左方左转弯的车辆进入路口，沿左转弯行驶方向靠近路口中心，等待左转弯信号。如图5-11所示。

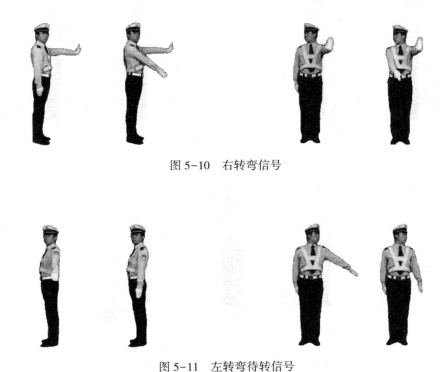

图 5-10 右转弯信号

图 5-11 左转弯待转信号

（6）变道信号。右臂向前平伸，掌心向左；右臂向左水平摆动，车辆应当腾出指定的车道，减速慢行。如图 5-12 所示。

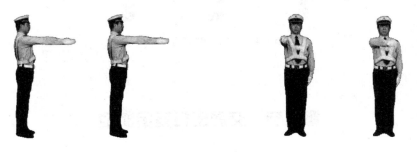

图 5-12 变道信号

（7）减速慢行信号。右臂向前方平伸，掌心向下；右臂与手掌平直向下方摆动，车辆应当减速慢行。如图 5-13 所示。

（8）示意车辆靠边停车信号。左臂向前上方平伸，掌心向前；右臂向前下方平伸，掌心向左；右臂向左水平摆动，车辆应当靠边停车。如图 5-14 所示。

图 5-13　减速慢行信号

图 5-14　示意车辆靠边停车信号

第二节　交通出行安全防范

一、步行出行安全防范

1. 行人应当在人行道内行走

（1）多人同行时，应避免三人以上并行而妨碍其他人和车辆通行。

（2）在没有设置人行道的路段，行人应靠路边行走。

（3）行人不得进入城市快速路和高速公路。

（4）如果道路因施工、交通事故或其他原因而暂时封闭或阻塞，行人要看清交通标志所指示的方向，改行其他路线，服从管理人员的指挥。

（5）行人在道路上不能从事妨碍交通的活动。如不能在道路上玩滑板、滑旱冰、踢球等，更不能在道路上扒车、追车、强行拦车或抛物击车，还要精神集中，注意自身的安全。

（6）学龄前儿童在街道或公路上行走，须由成年人带领。

【案例】一天下午，一位妈妈带着两名小孩准备通过人行横道时，其中的一名小孩突然闹起脾气，拽着妈妈的手坐在地上。此时，这位粗心的妈妈竟放开孩子的手，低头玩起了手机。两名小孩见妈妈在看手机，就在马路中间来回奔跑玩闹。一个小孩快走到对面马路时，回头看到妈妈还在原地捧着手机，于是就跑了回去，结果被驶来的一辆越野车撞倒在地。此时妈妈才缓过神来，赶紧上前扶小孩。幸运的是，经医生检查，被撞小孩只是受了轻微擦伤，并无大碍。事后，交警联系到这位妈妈，对其进行了严肃批评教育。

对于行人走路玩手机、骑车者玩手机的行为，目前法律没有相关条例约束，暂无法处罚。虽然法律没有明确规定，但走路、骑车不玩手机，是对自己生命负责，也是对他人人身安全负责。

2. 横过道路时要注意使用行人过街设施

横过车行道时，要走人行横道、人行过街天桥或地下通道等行人过街设施。在交通信号控制的人行横道，须按信号规定通过，切勿抢红灯通行。没有这些设施时应直行通过，不要斜穿或追逐猛跑，也不要在车辆临近时突然横穿。

当路上交通繁忙，车辆密集且车速较快，以致不能安全通过时，除非该处有人行横道，否则不要横过道路。如果车辆来往时多时少，则应耐心等候。待车辆较少时才可通过，不要在停停走走或缓慢行驶的车辆之间穿过。

在交通繁忙的路段一般都设置有车行道护栏，用以阻止行人过马路，行人不能翻越护栏。否则会使驾驶员措手不及，不能及时采取有效措施，从而造成交通事故。

横过道路切忌遇车就退。横过道路途中遇到有车辆驶近时，要利用划分行车道的白线或路中央的分界线作为紧急停留的地方，切忌不看身后而直接后退，因为身后很可能有已经驶近的车辆，极易导致发生交通事故。

3. 夜晚及恶劣天气横过道路更须小心

（1）在天气恶劣时横过道路要格外小心，特别是大雨、大雪或大雾时更要留神，因为在这种情况下，驾驶员较难看见行人，而行人也很难看见附近车辆。行人应调整好雨具，看清路面情况，确定没有车辆驶近时才可横过道路。

（2）在晚间横过道路时要尽量选择有路灯的地方。因为在夜间，车流量少，车速一般较快，同时驾驶员较难看见行人，而行人也很难估计车辆的速度。

（3）遇到雨、雪、雾、沙尘等天气时，最好穿着色彩艳丽和带有反光标志的衣服，便于过往车辆驾驶员提早发现，减速避让。

二、骑车出行安全防范

骑车出行主要以骑自行车和驾驶电动自行车为主。骑自行车必须年满 12 周岁，驾驶电动自行车必须年满 16 周岁。骑车出行前应检查车况是否完好，发现问题及时修理，杜绝骑"带病"车辆上路。骑行时必须遵守交通规则，按照交通信号灯和其他交通标志、标线行驶。

1. 在指定道路上骑车

在划分机动车道和非机动车道的道路上，自行车（电动自行车）应在非机动车道行驶；在没有划分中心线以及机动车道与非机动车道的道路上，自行车（电动自行车）应靠道路右边行驶。

2. 安全骑车，杜绝事故隐患

（1）骑车时，应单排行车，不要相互勾肩搭背、相互推挤、相互追逐。按照《中华人民共和国道路交通安全法》规定，电动自行车在非机动车道内行驶时，最高速度不得超过 15 km/h。

（2）骑车时，不得牵引、攀扶其他车辆，不得双手离把或手中持物（手机、雨伞等），不得跷二郎腿骑电动车，不得醉酒骑车，不得占用机动车道骑行。

【案例】某中学一名男生在骑电动车上学途中与一名骑自行车的男孩追逐打闹，不慎摔倒在地，头部碰地导致昏迷，被紧急送往医院抢救。随后，记者就学生骑车安全展开调查，在多个路段发现学生交通安全意识薄弱，骑车追逐嬉戏、结队闯红灯、占用机动车道、骑车跷二郎腿等安全隐患突出，且绝大多数学生并非不懂交通规则，而是心存侥幸。

（3）骑车时，不反穿衣，不使用不安全的保暖护具。反穿衣骑车会使双臂活动受限，有些保暖护具会占据腿部的活动空间，遇到危险时，手脚无法及时作出反应，容易酿成交通事故。

（4）骑车时正确佩戴安全头盔，能够将交通事故死亡风险大幅降低。公安部交通管理局部署开展"一盔一带"安全守护行动，推动所有电动自行车、摩托车驾乘人员规范使用安全头盔，养成安全出行习惯，提升安全防护水平。

（5）电动滑板车、平衡车、独轮电动车等不能作为交通工具使用，禁止在道路上通行，只能在机动车道、非机动车道和人行横道等道路以外的应用场所使用。

（6）骑行非机动车辆载人或载物应当符合国家和所在省市有关载人载物的相关规定。

3. 超车前须确认安全

骑车超车前应先观察周围路况，确认安全后，再超越前车。超车时不能妨碍被超车辆的行驶。在超车过程中，要注意观察前车的行驶动态及手势信号，防止被超车突然转向，导致两车相撞。超越路边停靠的机动车时，更要注意观察，防备车门突然打开，导致危险。

4. 转弯时减速慢行

骑车转弯时，应先减速慢行，伸手示意转弯方向并向后观察，不得突然猛拐。

5. 骑车横过道路应下车推行

骑车横过机动车道时，应当下车推行；有人行横道或者行人过街设施的，应当从人行横道或者行人过街设施通过，横过道路时要注意避让行人；没有人行横道、过街设施或者不便使用行人过街设施的，在确认安全后直行通过。在左右转弯、环形路口、交通信号灯路口等地点，要选择好行驶路线，按照交通信号指示，把握通行时机，注意避让其他行人和车辆，安全通过。

6. 谨慎夜间骑车

夜间骑车，由于光线比较暗，存在一定危险。一定要看清路况、放慢车速，不要佩戴耳机，注意周边其他车辆行进的声音。一定要打开自行车（电动自行车）车灯，有条件的，可在车身上贴反光标识，增加夜间骑行的安全性。

三、乘汽车出行安全防范

1. 乘坐正规客运车

乘车出行时要选择有交通管理部门认可、有准运资格、质量优良的客运车（公共汽车、出租车、网约车、校车、长途汽车及旅行社车辆等），不要乘坐非法和不正规的营运车辆。乘坐大、中、小型客车时，应自觉、正确地系好安全带，如图5-15所示。在没有安全带的情况下，要尽量避免瞌睡，以免因制动惯性造成伤害。乘车时不要将身体的任何部分伸出车外。不要乘坐非客运车辆，如货车或拖拉机等。

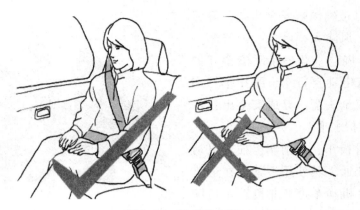

图 5-15　系好安全带

当发现有以下情况时，不要乘坐相关车辆。

（1）发现驾驶员酒后驾驶、疲劳驾驶，或身体状态、精神状态不佳。

（2）发现车辆破损、声音异常，或有其他不正常运行的情况。

（3）发现乘坐的车辆客货混载、违章超载，或有其他违反操作规程的情况。

【案例】2021 年，某市道路交叉口一辆重型自卸货车与一辆小型普通客车相撞，事故造成 10 人死亡、6 人受伤。经现场工作组初步了解，事故的直接原因：一是肇事货车涉嫌超速，二是事故小客车严重超载。客车超载会导致车辆机动性下降，加之车内空间有限，一旦有紧急情况处置不当，极易加重后果。

2. 乘坐公共汽车时要坐好或站稳扶好

乘坐公共汽车时，应找座位坐好；没有座位时，应抓好车内扶手，双脚自然分开，侧向站稳。在车辆行驶过程中，不要与驾驶员闲谈或妨碍驾驶员操作，不要随意开启车门、车厢和车内的应急设施，不要向车外抛投物品，不要在车内随意走动、打闹。

【案例】2018 年，某市一辆公交车在行驶过程中，突然越过道路中心实线，与对向正常行驶的一辆小轿车发生碰撞后，冲上路沿，撞断护栏，坠入江中。此次事故共造成包括公交车驾驶员在内的 15 人死亡，而造成这场惨剧的原因，竟然是一名乘客因坐过站，与公交车驾驶员发生激烈争执互殴，最终导致车辆失控，坠入江中。如今的公交车上，司机驾驶室与乘客区域进行了物理隔离，基本上避免了因乘客和驾驶员发生矛盾进而抢夺方向盘等类似事件的发生。而作为乘客的我们，应该更多地起到监督的义务。对于在乘车期间发现的一些有可能影响安全驾驶的行为，要及时向公交车运营单位或管理部门反映，共同营造安全的公共交通乘车环境。

3. 上下车时要注意安全

无论乘坐哪种车辆，一定要等车进站、停稳后上下车。不要在车行道上候车，在道路上不要从机动车左侧上下车。上下车开关车门时不要妨碍其他车辆和行人通行，驾驶员和乘车人必须看清车辆前后左右来往行人、车辆情况，确认安全后才可开门上下车，以免引发意外事故。下车后，需横穿车行道时，应从车的尾部，确认安全后通过，切不可从车头贸然穿行。

乘车人下车开车门，在日常用车中是再普通不过的一个动作，却隐藏着极大的安全隐患。乘车人下车时若没有观察清楚车前后方的情况，就贸然打开车门下车，若刚好距离车门较近处有行人或车辆经过，就会导致其反应不及时撞到车门上，造成伤害。

【案例】一位乘坐出租车的女乘客到达目的地后，未观察周围情况直接开门下车，驾驶员也忘记提示乘客观察车周围情况。刚打开车门，就将一骑电动车的男子碰翻在地。骑电动车男子倒地后颅脑受伤，被送至医院抢救治疗。

4. 文明乘车，注意防范

乘车出行，尤其是乘坐公共交通车辆时，要注意文明礼貌、谦和礼让，避免因拥挤和抢占座位或行李架等与他人发生纠纷。不要携带易燃、易爆等危险品乘车。应熟悉车辆上安全设备（灭火器、安全锤、安全窗等）的位置及使用方法，有备无患。遇恶劣天气，如大风、大雨、大雾、大雪时，尽量不要乘车外出。

四、乘船、飞机、列车出行安全防范

1. 乘船出行安全

（1）不乘坐无牌、无证船舶。为了保证航运安全，凡符合安全要求的船只，有关管理部门都会发放安全合格证书，船舶驾驶员、船员及相关人员，也都有相应的资质证书。

（2）不要携带易燃、易爆等危险品上船，不乘坐超载船只。

（3）上下船时，注意要按次序行进，不得拥挤、争抢，以免造成挤伤、落水等事故。

（4）天气恶劣时，如遇大风、大浪、浓雾等，应尽量避免乘船，不乘坐冒险航行船舶。

（5）乘船时要在座位上坐稳，不在船头、甲板等地打闹、追逐，不要随意跨过"旅客止步"的界线，以防落水。不拥挤在船的一侧，以防船体倾斜，发生事故。

（6）不要随便触动船上的有关设施，要记住安全通道的方位和救生设施、设备的放置位置。

（7）夜间航行时，不要用手电筒向水面、岸边乱照，以免引起误会或使驾驶员产生错觉而发生危险。

（8）一旦发生意外，要保持冷静，听从船上工作人员的指挥。

2. 乘机出行安全

（1）进入候机隔离区时，要自觉接受安全检查。候机时，不得追跑、打闹。

（2）不得携带或夹带禁运、违法和危险的物品（如易燃物、易爆物、腐蚀物、有毒物、放射物品、可聚合物质、磁性物质、成瘾药物及其他违禁品）。不要为陌生人捎带行李物品。

（3）要按顺序登机和下机，进入机舱内应对号入座，听从机组人员安排，系好安全带，不要随意更换座位，要认真学习机上安全须知，熟记机上安全设施、设备及安全出口的位置。

（4）飞机在起飞和飞行过程中，应配合航空公司要求，妥善使用各种便携式电子设备，如手机、笔记本电脑、平板电脑等。

（5）在正常情况下，不得擅自动用机上的应急出口、救生衣、氧气面罩、防烟面罩、灭火器材等救生应急设施。

（6）飞机上装有消防报警装置，禁止吸烟。登机后应认真阅读客机内配备的安全须知。

3. 乘列车出行安全

（1）候车时要站在安全线以内，等列车停稳后再排队上车。

（2）进站上车应通过天桥或地道，不能穿行铁道。

（3）上列车时不要翻爬车窗进入车厢，以免发生危险。

（4）进入车厢后，要尽快找到位置坐下，不要在车厢内穿行打闹，同时要听清楚列车广播播报的站名和时间，避免下错车站。

（5）乘坐列车出行，不允许携带管制刀具、易燃易爆品、有毒有害品、腐蚀性物品等登车。

（6）不要到车厢连接处逗留，避免被连接板夹伤、挤伤。

（7）在列车行进中，不要把手、脚、头伸出窗外，以免被车窗卡住或被外面的东西撞伤。

（8）使用后的废弃物不要随手扔到车窗外，避免伤害铁路两旁的行人。

五、驾驶机动车出行安全防范

机动车造成的交通事故在所有交通事故中所占的比例是最大的。因此，驾驶机动车出行必须遵守交通规则，注意安全。

1. 自驾车外出前要进行必要准备

对车辆转向、制动、轮胎、灯光等安全设施进行检查，不要驾驶有安全隐患的车辆。出行要携带驾驶证、行驶证，了解沿途路况信息和天气情况。

2. 保持安全车速

在道路上行驶，车速不要超过限速标志、标线标明的速度，要时刻保持安全车速，拒绝超速。

3. 保持安全距离

驾驶员要时刻保持车辆纵向与横向的安全距离，谨慎驾驶，避免交通伤害。

4. 谨慎通过路口

路口是交通情况复杂的地方，也是交通事故多发地。驾驶员应当按照交通信号灯、交通标志、交通标线或者交通警察的指挥通过；通过没有交通信号的交叉路口时，应当减速慢行，并让行人和优先通行的车辆先行。在行经人行横道线时要减速行驶。遇人行横道线上有行人时，要停车礼让。

5. 谨慎通过弯道、坡道

车辆驶近急弯、坡顶等安全视距不足的路段，应当在本方车道内行驶，提前减速，勿超车，必要时鸣喇叭示意。

6. 拒绝疲劳、酒后驾车

节日走亲访友、聚会频繁，切勿酒后驾驶。疲劳会使驾驶员的注意力不稳定，视野狭窄，视线模糊，反应迟钝；饮酒会导致人体运动机能降低，反应迟钝，行动迟缓，判断失准。

7. 拒绝超员、超载

车辆超员、超载，容易引发爆胎、突然偏驶、制动失灵、转向失控等，导致交通事故的发生。驾驶员应按照车辆核定数载客、载货，切忌超员、超载。

8. 系好安全带

使用安全带可降低事故发生时驾驶员与车辆顶棚、前窗玻璃、转向盘等发生猛烈撞击的伤害，以及被甩出车外的风险，增大生存的概率。驾、乘机动车时都要系好安全带。

9. 摒弃陋习，文明驾驶

遇车流量大时，勿强行超车、会车；不开"斗气车""霸王车"；保持平和心态，杜绝"路怒症"；驾驶时应集中精力，不吸烟、不使用手机等。

10. 正确处理临时停车

出行途中车辆发生故障或意外需停车时，要立即开启危险报警闪光灯（双闪灯或双跳灯），将车辆移至不妨碍交通的地方停放；难以移动的，应当持续开启危险报警闪光灯，并在来车方向设置警告标志。在高速公路上，应将警告标志设在来车方向 150 m 以外，车上人员应迅速转移到安全地带，防止发生二次事故，并立即报警。

第三节　交通事故及应急处理

一、交通事故的相关概念

《中华人民共和国道路交通安全法》第一百一十九条规定，交通事故是指车辆在道路上因过错或者意外造成的人身伤亡或者财产损失的事件。与交通事故相关的其他概念还包括以下几种。

1. 车辆

车辆是指机动车和非机动车。

（1）机动车。机动车是指以动力装置驱动或者牵引，上道路行驶的供人员乘用或者用于运送物品以及进行工程专项作业的轮式车辆。

（2）非机动车。非机动车是指以人力或者畜力驱动，上道路行驶的交通工具，以及虽有动力装置驱动，但设计最高时速、空车质量、外形尺寸符合有关国家标准的残疾人机动轮椅车、电动自行车等交通工具。

2. 道路

道路是指公路、城市道路和虽在单位管辖范围，但允许社会机动车通行的地方，包括广场、公共停车场等用于公众通行的场所。

二、道路交通事故构成要素

构成道路交通事故必须同时具备以下 4 个要素和 3 个常规条件。

1. 道路交通事故的 4 个要素

（1）事故必须是发生在道路上的。

（2）事故必须是因违章行为造成的。

（3）事故必须有损害后果。

（4）当事人在主观上必须有过失。

2. 道路交通事故的 3 个常规条件

（1）当事人各方中至少有一方使用车辆。如果各方都是行人而发生的事故，则不构成道路交通事故。

（2）至少有一方车辆是在运动中。如果行人自己撞在停止的车辆上，则不认为是交通事故。

（3）必须具有交通性质。非交通性质造成的事故，如军事演习、体育竞赛等活动中发生的事故，均不属于道路交通事故。

三、交通事故的应急处理

发生交通事故后，有关各方都应果断采取正确的应急处理办法，以减轻或控制事故对人员和财产造成的损失。千万不要为了逃避责任，在侥幸心理的作用下逃逸，肇事逃逸罪加一等。发生交通事故后，一般要按照以下程序进行应急处理。

1. 立即停车

如果是机动车，停车后按规定拉紧驻车制动，切断电源，开启危险报警闪光灯。如果是在夜间发生交通事故，还需打开示宽灯和尾灯，按规定设置危险警告标志。

2. 及时报警

当事人应拨打"122"交通事故报警电话，及时通报事故发生的时间、地点、肇事车辆及伤亡情况。如果有人员受伤，同时拨打"120"医疗急救电话寻求救援。如果事故现场起火，还应拨打"119"火警电话向消防部门报警，告知引燃原因、火势大小及被困人员情况。已投保机动车强制保险或商业保险的，应及时向保险公司报案。

3. 保护现场

保护现场的原始状态，包括其中的车辆、人员、遗留的痕迹，并确保散落物不被随意挪动位置。应在原始位置做好标记，不得故意破坏、伪造现场。当事人在交警到达之前，可用绳索等材料设置警戒线以保护现场。

4. 抢救伤者或财物

确认伤者的伤情后，应采取紧急抢救措施（止血、包扎、骨折固定、人工呼吸、胸外心脏按压等），尽最大的努力救助，并尽快送往附近医院抢救治疗。对于现场物品或受伤人员的财物应妥善保管，防止被盗、被抢。

5. 做好防火防爆措施

当事人首先应关掉机动车发动机，消除火灾隐患。事故现场禁止吸烟。如果载有危险物品的车辆发生交通事故，必须将此情况报告交管部门及消防部门，并做好防范措施。

6. 协助现场调查取证

当事人必须如实向公安交通管理机关陈述事发经过，不得隐瞒交通事故的真实情况，应积极配合、协助交管人员做好善后处理工作。

第六章　自然灾害和常见意外伤害

第一节　自然灾害及应对措施

自然灾害是指由于自然异常变化造成的人员伤亡、财产损失、社会失稳、资源破坏等现象或一系列事件。我国是自然灾害多发的国家，自然灾害种类繁多，常见的自然灾害主要有地震、台风、暴雨、泥石流、雷电、暴雪、沙尘天气等。

一、地震

1. 地震常识

地震是地壳快速释放能量过程中形成震动、产生地震波的一种自然现象。地球上各板块之间相互挤压、碰撞，使板块边沿及板块内部产生的错动和破裂是引起地震的主要原因。

（1）震级。震级是表示地震强弱的量度，是划分震源放出的能量大小的等级。震级每增加1级，能量增加约32倍。

（2）烈度。烈度是衡量地震影响和破坏程度的量度。一次地震的震级只有一个，而烈度却因地点不同而不同。例如1976年唐山地震，震级为7.8级，震中烈度为11度；受唐山地震的影响，天津市地震烈度为8度，北京市为6度，石家庄、太原等只有四五度。

我国位于世界两大地震带——环太平洋地震带与欧亚地震带之间，是地震多发国家。我国地震带可划分为：①东南沿海及台湾地震带；②燕山南麓，华北平原两侧与太行山东麓、山西中部盆地和渭河盆地地震带；③贺兰山、六盘山，向南横越秦岭，至滇东地区地震带；④喜马拉雅—滇西地区，是地中海—南亚地震带经过中国的部分；⑤西昆仑至祁连山和河西走廊地震带；⑥新疆帕米尔至天山南北地震带。

2. 地震的危害

地震能引起房屋等建筑物和构筑物倒塌，引发火灾、水灾、有毒气体泄漏、致病菌及放射性物质扩散，还可能造成海啸、滑坡、崩塌、地裂缝等次生灾害，常常造成严重的人员伤亡。地震对人体的伤害主要由倒塌的建筑物、构筑物和高空坠物等造成。目前，人类尚不能阻止和准确预报地震的发生，但是可以采取有效的应对措施，最大限度地减轻地震带来的灾害。

【案例】2008 年 5 月 12 日 14 时 28 分 4 秒，四川省阿坝藏族羌族自治州汶川县映秀镇（北纬 31.0°、东经 103.4°）发生了特大地震，地震的面波震级为 8.0 级。地震波及大半个中国，亚洲多个国家和地区均有震感。汶川地震破坏严重地区约 50 万 km^2，共计造成 69 227 人遇难、17 923 人失踪、374 643 人不同程度受伤、1 993.03 万人失去住所，受灾总人口达 4 625.6 万人，造成直接经济损失 8 451.4 亿元。汶川地震是中华人民共和国成立以来破坏性最强、波及范围最广、灾害损失最重、救灾难度最大的一次地震。

自 2009 年起，我国将每年 5 月 12 日定为全国"防灾减灾日"，提醒国民重视防灾减灾，努力减少灾害损失。"防灾减灾日"的图标（见图 6-1）以彩虹、伞、人为基本元素，雨后天晴的彩虹寓意着美好、未来和希望，伞的弧形形象代表着保护、呵护之意，两个人代表着一男一女、一老一少，两人相握之手与下面的两个人的腿共同构成一个"众"字，寓意大家携手，众志成城，共同防灾减灾。

图 6-1　"防灾减灾日"图标

3. 地震的应对措施

目前全世界任何国家都难以准确预报地震。但地震前往往会出现一些异常现象，包括井水、泉水异常，出现发浑、冒泡、升温、变色、变味，井孔变形，泉源突然枯竭或涌出等现象；一些动物发生异常反应，如鸡鸭猪羊乱跑乱叫、老鼠外逃、鱼在水面乱跳等。

企事业单位、社区、学校应普及地震知识，开展地震逃生演习，使人们在发生灾害时能够自救和互救，减少人员伤亡和财产损失。如果地处地震多发区，还应常备救灾物品，如急救医药用品、防寒防雨用品、工具等。

（1）室内避震措施。在室内遇地震，应注意以下几点。

1）从地震开始到房屋倒塌，一般情况下有 10～15 s 的时间，住在平房或楼房 1 层、2 层的人，可利用这段时间迅速转移到空旷地带。

2）如果住在楼房高层或虽住平房但因行动不便不能跑出时，可立即躲到结实的家具、坚固的机器设备旁或墙根、内墙角等处，头部尽量靠近墙面，这样一旦发生房屋倒塌，可形成相对安全的三角空间，被称为"地震活命三角区"，如图 6-2 所示。

3）可迅速躲进卫生间等面积小、金属管道多的房间。

4）尽量利用身边物品，如被褥、枕头、皮包等护住头部。

5）迅速关掉火源，切断电源。

6）不要躲在阳台、窗边等不安全的地方，也不要躲在不结实的桌子或床下。

7）跟随人群向楼下逃生时，不可拥挤、推搡或不知所措地四处乱跑。

8）不要站在吊顶下面。在商场内要避开玻璃窗、广告灯箱、高大货架等危险物。

图6-2 地震活命三角区

9）不要逃出后又返回房屋中取物。

10）不进电梯，不在楼道停留。

（2）室外避震措施。在室外、野外或海（湖）边遇地震，应注意以下几点。

1）室外遇地震，应迅速跑到空旷场地蹲下，尽量避开高大建筑物、立交桥、高压线、广告牌及煤气管道等危险处。

2）野外遇地震，应避开山脚、陡崖，以防滚石和滑坡。如果遇山崩，要向滚石前进方向的两侧躲避。

3）海（湖）边遇地震，应迅速远离海（湖）岸，警惕地震引发的海（湖）啸。海啸是一种具有强大破坏力的海浪。水下地震、火山爆发、水下塌陷和滑坡等地质活动都可能引起海啸，其中所含的能量惊人。海啸时掀起的狂涛骇浪，高度可达10多米甚至几十米，形成"水墙"。"水墙"冲上陆地，对人类生命和财产造成严重威胁。

4）驾车时遇地震，驾驶员应迅速躲开立交桥、陡崖、电线杆等，并尽快选择空旷处停车。

（3）震后自救、互救措施。地震等地质灾害发生后的72 h被称为黄金救援时间，尽早自救和互救是减少伤亡的主要措施。

1）自救措施。地震发生后，可采取以下自救措施。

①当发生地震被困时，一定要保持镇静，保持坚定的生存意志，相信能脱离险境。

②要设法移开身上的物体。如果有重物可能坠落，尽量设法支撑，形成安全空间，最好向有管线、空气流通的方向移动。有烟尘时，要捂住口鼻，防止窒息，等待救援。

③没有必要时勿大声呼救。应尽量保存体力，延长生命，可用石块或者金属敲击身旁物体（最好是自来水管、暖气管），据此与外界取得联系。

④注意寻找食品。若一时难以脱险，应在可活动空间内，设法寻找水、食品或其他可以维持生命的物品，耐心等待营救。

⑤在被困环境中勿用火、电。若闻到煤气味，不要使用打火机、火柴，也不要使用电话、电源开关和任何电子装置。

2）互救措施。当自己脱险后，还应积极参与营救其他被困者。

①注意倾听被困者的呼喊、呻吟或敲击声，根据建筑物结构特点，先确定被困者的位置，特别是头部位置，再开挖抢救，以避免抢救时给被救者造成不应有的损伤。

②先抢救容易获救的被困者，如建筑物边沿瓦砾中的幸存者。

③抢救时，要先使被救者的头部暴露出来，并迅速清除其口鼻内的灰土，防止窒息，进而暴露其胸腹部。

④对于埋压时间较长的幸存者，要先喂些含盐饮料，但不可给予高糖类饮食。然后边挖边支撑，注意保护被救者的头部和眼睛。

⑤对怀疑有骨折或颈椎、腰椎受伤的被救者，抢救时一定不可强拉硬拖，避免造成二次伤害，要设法暴露其全身。

⑥对被抢救出来的幸存者，应采取各种适当的方法进行现场救护。

二、台风

1. 台风常识

台风发源于热带海面，那里温度高，大量的海水被蒸发到空中，形成低气压中心。随着气压的变化和地球自身的运动，流入的空气也旋转起来，形成逆时针旋转的空气漩涡，这就是热带气旋。只要气温不下降，这个热带气旋就会越来越强大，最后形成台风，如图6-3所示。每年的夏秋季节，我国毗邻的西北太平洋上都会形成多个台风，有的消散于海上，有的则登上陆地，带来狂风暴雨，造成巨大损失。

台风是一个强大而具破坏力的气旋性漩涡，发展成熟的台风，其底层分为以下3个区域：外围部分称为外圈，又叫大风区，半径200~300 km，其主要特点是风速向中心急增，风力可达6级以上；中间部分称为中圈，又称涡旋区，从大风区边缘到台风眼壁，半径约100 km，是台风中对流和风、雨最强烈区域，破坏力最大；台风的中心区称为内圈，又叫台风眼区，半径5~30 km，多呈圆形，风速迅速减小或静风。台风结构如图6-4所示。台风预警按照由低向高分为蓝色、黄色、橙色、红色四级。

图6-3　台风云图

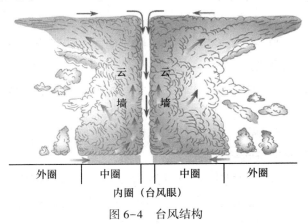

图6-4　台风结构

2. 台风的危害

台风是一种破坏力很强的灾害性天气系统，其危害性主要有以下三个方面。

（1）带来强风。摧毁房屋、建筑及高空设施，压死压伤人员，刮断电力和通信线路，吹翻车辆、船只、行人，摧毁农作物，吹倒甚至拔起大树。

（2）带来暴雨。造成平原洪涝，使城镇、村庄、农田受淹，城市内涝积水；引发山洪、地质灾害；冲毁房屋、建筑、道路、桥梁；导致溃坝或漫顶。

（3）形成风暴潮。掀翻海上船只，冲垮码头、养殖场和各类设施，冲走海边人员，造成海堤溃决、海水倒灌，冲毁房屋、建筑，淹没村镇、农田等。

> 【案例】台风"黑格比"于2020年8月4日凌晨3时30分前后以近巅峰强度在浙江省乐清市沿海登陆，登陆时中心附近最大风力有13级。受其影响，3—5日，浙江温州、台州、金华等地部分地区累计降雨量250～350 mm，温州永嘉和乐清局地达400～552 mm。灾害造成浙江、上海2省（市）、5市30个县（市、区）188万人受灾，5人死亡，32.7万人紧急转移安置，1.2万人需紧急生活救助；4 300余间房屋倒塌，8 000余间不同程度损坏，直接经济损失104.6亿元。

3. 台风的应对措施

（1）台风的预防。在科学技术高速发展的今天，用现代化设备已经可以精确地预测出台风的移动方向、登陆地点和时间。只要采取有效的防御措施，提高科学探测预警水平，全力做好预防准备工作，就可使受灾损失降至最低。

1）准备食品和应急物品。准备必要的食物、饮用水、药品和日用品，以及蜡烛、应急灯、手电筒等应急用具。

2）移除高处易坠物品。将阳台、窗台、屋顶等处的花盆、杂物等易被大风刮落的物品及时搬移到室内或其他安全地方。

3）加固易倒设施。加固室外悬空、高空设施，以及简易、临时建筑物，必要时拆除。

4）物品防淹防浸。将低洼地段、江河边等易涝房屋内的家具、电器、物资等及时转移到高处。

5）取消出行计划。不要到台风可能影响的区域游玩，正在台风可能影响区域旅游的应提前返回。

6）做好转移准备。居住在危险区域的人员，应及早准备好必要的生活用品和食品，随时准备转移。

（2）台风来临时的应急措施。台风来临时需注意以下几点。

1）密切关注台风，随时掌握最新台风预警信息。

2）仔细检查室内的电路、电话、煤气等是否安全可靠，尽量拔掉不必要的电源插头，切断危险的室外电源。

3）避免人员外出。人员尽量在安全、坚固的房屋内，紧闭门窗并远离迎风门窗，不要随意外出。

4）学校停课、企业停工。根据台风预警等级大小，政府有关部门会发布学校停课，企业推迟上班、提前下班或者停工的公告。

5）台风来临时，如果在室外，要避开危险源。远离易倒建筑和高空设施，如广告牌、树木、电线杆、路灯、危墙、危房、脚手架、吊机、铁塔，以及临时搭建物、建筑物等；小心空中易坠落物品，如花盆、杂物、雨篷、空调室外机、门窗玻璃、幕墙玻璃，以及建筑工地上的零星物品等。小心积水，要尽量绕开。发现电线杆吹倒、电线被风吹断，一定要迅速远离，谨防触电。

三、暴雨

1. 暴雨常识

暴雨是指降雨强度和降雨量相当大的雨。我国气象上规定，24 h 降水量为 50 mm 或以上的强降雨称为暴雨。暴雨预警信号由低向高分为 4 级，分别以蓝色、黄色、橙色、红色表示。

2. 暴雨的危害

暴雨是我国主要气象灾害之一。长时间的暴雨容易产生积水或径流淹没低洼地段，造成洪涝灾害。连降暴雨或出现大暴雨、特大暴雨，还会导致山洪暴发、水库垮坝、江河横溢、房屋被冲塌、农田被淹没、交通和电信中断，给国民经济和人民的生命财产带来严重危害。

3. 暴雨的应对措施

（1）暴雨前的准备。在暴雨前，应做以下准备工作。

1）检查房屋，如果是危旧房屋或处于地势低洼的地方，应及时转移。

2）暂停室外活动，学校可以暂时停课。

3）检查电路、燃气等设施是否安全，关闭电源总开关。

4）提前收拾露天晾晒物品，收拾家中贵重物品，并置于高处。

5）暂停田间劳动，户外人员应立即到地势高的地方或山洞暂避。

6）不要将垃圾、杂物丢入马路下水道，以防堵塞，积水成灾。

（2）暴雨来临时的应急措施。暴雨来临时，应采取以下应急措施。

1）住在平房或一楼的居民，可因地制宜，在家门口放置挡水板、堆置沙袋或堆砌土坎，危旧房屋或住宅处在低洼地的人员应及时转移到安全地方。

2）关闭燃气阀和电源总开关。

3）室外积水漫入室内时，应立即切断电源，防止积水带电伤人。

4）立即停止田间农事活动和户外活动。

5）在户外积水中骑车、行走时，要注意观察，贴近建筑物行走，防止跌入窨井、地坑等。

6）注意夜间的暴雨，提防旧房屋倒塌伤人。

7）驾驶员遇到路面或立交桥下积水过深时，应尽量绕行，避免强行通过。

8）雨天汽车在低洼处熄火，千万不要在车上等候，要下车到高处等待救援。

【案例】2021年7月17日至23日，河南省遭遇历史罕见特大暴雨，发生严重洪涝灾害，特别是7月20日郑州市遭受重大人员伤亡和财产损失。灾害共造成河南省150个县（市、区）1 478.6万人受灾，因灾死亡失踪398人，其中郑州市380人、占全省的95.5%；直接经济损失1 200.6亿元，其中郑州市409亿元，占全省的34.1%。

四、泥石流

1. 泥石流常识

泥石流是指在山区或者其他沟谷深壑、地形险峻的地区，由于暴雨、暴雪或其他自然灾害引发的山体滑坡并携带有大量泥沙和石块的特殊洪流。

泥石流的形成需要3个基本条件：一是有陡峭便于集水集物的适当地形，二是上游堆积丰富的松散固体物质，三是短期内有突然性的大量流水来源。

2. 泥石流的危害

泥石流具有突然性、流速快、流量大、物质容量大和破坏力强等特点。泥石流常与山洪相伴，来势凶猛。在很短时间内，大量泥石伴着洪水横冲直撞，所到之处成为一片泥石海洋，掩埋房屋、庄稼、人畜等，摧毁各种设施，冲毁道路，堵塞河道，甚至淤埋村庄、城镇，给人们的生命财产和经济建设造成极大的危害。

【案例】2020年6月17日凌晨3时许，四川甘孜藏族自治州丹巴县半扇门镇梅龙沟发生泥石流，烂水湾阿娘寨村发生山体滑坡，造成丹巴县小金川河河道壅塞，道路中断。截至6月17日上午9时，丹巴县累计疏散5 000余户两万余人，成功救援14人，失联2人。

3. 泥石流的应对措施

（1）沿山谷行进时，一旦遭遇大雨，要迅速转移到安全的高地，不要在谷底过多停留。

（2）注意观察周围环境，特别留意是否听到远处山谷传来打雷般的声响，如果听到要高度警惕，很可能是泥石流将至的征兆。

（3）要选择平整的高地躲避，尽可能避开有滚石和大量堆积物的山坡下，也不要在山谷和河沟底部躲避。

（4）发现泥石流后，要马上向与泥石流成垂直方向的两边山坡上面爬，爬得越高越好，绝对不能往泥石流的下游逃生，如图6-5所示。

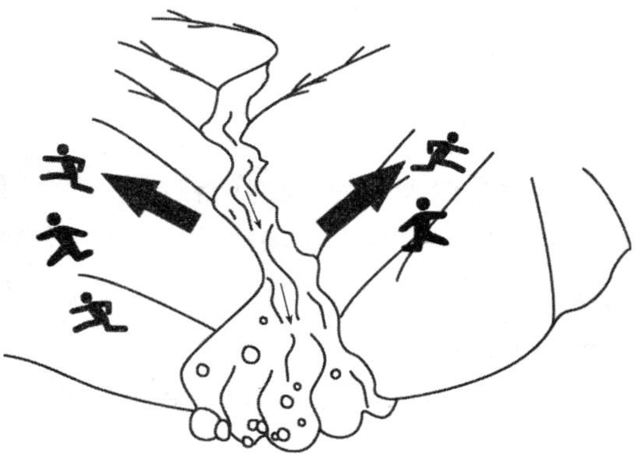

图6-5　遭遇泥石流逃生方向

五、雷电

1. 雷电常识

雷电是伴有闪电和雷鸣的超强放电的自然现象。雷电一般产生于对流发展旺盛的积雨云中，常伴有强烈的阵风和暴雨，有时还伴有冰雹和龙卷风。

2. 雷电的危害

雷电产生的电压高达 $10^8 \sim 10^9$ V，同时放出大量热能，瞬间温度可达 10 000 ℃以上。雷电释放的能量足以击穿绝缘层，使电气设备发生短路，导致燃烧、爆炸及人员伤亡事故，造成重大损失。

容易被雷电击中的地方有：①缺少避雷设备或避雷设备不合格的高大建筑物、储罐等；②没有良好接地的金属屋顶；③潮湿或空旷地区的建筑物、树木等；④由于烟气的导电性，烟囱易遭雷击。

3. 雷电的预防措施

（1）在建筑物上装设避雷装置，利用避雷装置将雷电流引入大地。

（2）在雷雨时，不要靠近高压变电室、高压电线和孤立的高楼、烟囱、电线杆、大树、旗杆等，更不要站在空旷的高地上或在大树下躲雨。

（3）雷雨天气时，不要用金属柄雨伞；摘下金属架眼镜、手表等；若是骑车旅游，要尽快离开自行车；还应远离其他金属物体，以免被雷电击中。

（4）在雷雨时，不要穿潮湿的衣服靠近或站在露天金属商品的货垛上。

（5）雷雨天气时，在高山顶上不要开手机，更不要接打手机。

（6）雷雨天不要触摸和接近避雷装置的接地导线。

（7）雷雨天在室内应避免接触照明线、电话线、电视线等线路，以防雷电侵入被其伤害。

（8）在雷雨天气，不要去游泳、划船、垂钓等。

（9）在电闪雷鸣、风雨交加之时，在室内应立即关掉电视机、收音机、音响、空调等电器，以避免产生导电。打雷时，在房间的正中央较为安全，不要停留在电灯正下方，不要倚靠在柱子或墙壁边、门窗边，避免接触到打雷时产生的感应电而发生意外。

六、暴雪

1. 暴雪常识

暴雪是自然天气的一种降雪过程。暴雪发生时段一般集中在 10 月至翌年 4 月，发生地区和频率与降水分布有密切关系。暴雪预警信号有蓝色、黄色、橙色和红色四种。暴雪的出现往往伴随大风、降温等天气，给交通和冬季农业生产带来严重影响。

2. 暴雪的危害

（1）暴雪引起降温，可使农作物遭受冻害。遭遇暴雪，降温至临界温度以下，可对农作物造成不同程度的冻害，影响来年产量和品质。

（2）加重树木病害发生，害虫危害加重。暴雪有利于地下越冬害虫安全越冬，以致来年虫害严重。由于融冻交替，冷热不均，果树枝干部位阴阳面受热不均，容易造成树皮爆裂，从而导致来年腐烂病、粗皮病和干腐病严重发生。

（3）积雪较厚，造成房屋或建筑物坍塌。过厚的积雪压在建筑物屋顶或设施顶部，导致承重差的一些建筑物或设施垮塌，造成人员和财产损失。

（4）造成户外人员伤害。积雪表面由于光反射会造成眼睛损伤，引起炫目，严重的会出现雪盲症；路面积雪结冰，行走时不慎会滑倒跌伤，驾驶机动车容易侧滑发生交通事故；冰雪天气会形成冰凌，融化掉落造成砸伤等情况；由于气温下降，保暖不当会造成冻伤。

（5）暴雪造成交通中断，严重影响出行。暴雪会造成交通中断，导致行人和车辆无法正常出行，给人们的生活带来不便。

3. 暴雪的应对措施

（1）注意收听天气预报和交通实时信息，避免因机场、高速公路、轮渡码头等停航或封闭而耽误出行。

（2）尽量待在室内，不要外出。如需外出，要做好防寒保暖，避免皮肤直接暴露在外，引发冻伤。

（3）如果在户外活动，要远离高处物品，避免因积雪过厚造成物品坠落而砸伤自己。路过桥下、屋檐等处时，要小心观察或绕道通过，防止冰凌融化脱落伤人。

（4）骑行非机动车可适量给轮胎少量放气，以增加轮胎与路面的摩擦力。

（5）驾驶汽车时要低速行驶并与周围车辆保持距离。车辆拐弯前要提前减速，避免踩急刹车，有条件要安装防滑链，佩戴偏光镜。

（6）出现交通事故后，应在现场后方设置明显标志，以防连环撞车事故发生。

七、沙尘天气

1. 沙尘天气常识

沙尘天气是指强风从地面卷起大量尘沙，使空气混浊，水平能见度明显下降的一种天气现象。有利于产生大风或强风的天气形势，沙、尘源分布和空气不稳定是形成沙尘天气的主要原因。沙尘天气分为浮尘、扬沙、沙尘暴三类。

2. 沙尘天气的危害

沙尘天气产生的浮尘会给人类外部器官和呼吸系统带来严重影响，主要是造成皮肤、眼睛、口腔和鼻腔刺激，且可加剧眼部和鼻腔感染的易感性，诱发相应炎症疾病。可吸入颗粒物通常会附着于鼻腔、口腔和上呼吸道中，从而引发呼吸系统疾病，如哮喘、气管炎、肺炎、肺癌、过敏性鼻炎等。

遇强沙尘天气，携带细沙粉尘的强风会摧毁建筑物及公用设施，造成人畜伤亡。以风沙流的方式造成农田、渠道、村舍、铁路、草场等被大量流沙掩埋，对交通运输造成严重威胁。

每次沙尘暴的沙尘源和影响区都会受到不同程度的风蚀危害，风蚀深度可达 1~10 cm。据估计，我国每年由沙尘暴产生的土壤细粒物质流失高达 $10^6 \sim 10^7$ t，其中绝大部分粒径在 10 μm 以下，农田和草场的土地生产力受到严重破坏。

【案例】2021 年 3 月 15 日，我国北方 12 省市出现大范围黄沙，受冷空气影响，多地出现扬沙或浮尘，部分地区出现沙尘暴，局地出现能见度不足 500 m 的强沙尘。这也是近 10 年我国遭遇的强度最强、沙尘暴范围最广的一次沙尘天气过程。据气象卫星估算，可视的沙尘区面积约为 46.6 万 km^2。

3. 沙尘天气的应对措施

出现沙尘天气时，最好待在门窗紧闭的室内，特别是抵抗力较差的老年人、婴幼儿以及患有呼吸道过敏性疾病的人群要做好呼吸系统防护。一旦发生慢性咳嗽、咳痰、气短、发作性喘憋及胸痛时，需尽快就诊。

在户外可用湿毛巾、纱巾或口罩保护鼻腔和口腔，最好穿戴防尘的衣服、手套、面罩、眼镜等物品。尽量避免骑自行车或剧烈运动。

风沙较大时，要远离树木和广告牌，蹲靠在能躲避风沙的坚固矮墙处，趴在相对高坡的背风处，或者抓住牢固的物体。

第二节　常见意外伤害和应急救护

一、常见意外伤害

1. 踩踏事故

踩踏事故主要是由于人群拥挤造成的意外事件。拥挤是一种在很短的时间内，因为某种突发的原因，在人员集中的场所内引起的情绪亢奋、行动过激、人群大量聚集的失控现象。踩踏事故导致的人员死亡率高，一旦发生踩踏事故，则几乎必然带来人员伤亡。据统计，中小学校园是踩踏事故的高发地，校园内的踩踏事故往往发生在楼道、楼梯处。

（1）发生踩踏事故的原因

1）人群较为集中时，前面有人摔倒，后面人未留意，没有止步。

2）人群受到惊吓，产生恐慌，如听到爆炸声、枪声，出现惊慌失措的失控局面，在无组织、无目的的逃生中，相互拥挤踩踏。

3）人群因过于激动（兴奋、愤怒等）而出现骚乱，发生踩踏。

4）有些人因好奇心驱使，专门找人多拥挤处围观，造成不必要的人员集中而发生踩踏。

【案例】2014年12月31日晚，上海外滩陈毅广场群众自发迎新年活动中，由于人流量大、秩序混乱，人流产生对冲，部分人想上观景平台，部分人想下观景平台。在23：50左右，外滩18楼的楼上有人向楼下抛洒类似美金纸币，造成人群哄抢，也有行人驻足围观、起哄，进而发生拥挤踩踏事件，造成36人死亡、49人受伤，伤者多数是学生。

（2）踩踏事故的预防

1）在楼梯通道内，上下楼梯都应该保持举止文明，人多的时候不拥挤、不起哄、不打闹、不故意怪叫制造紧张或恐慌气氛。

2）下楼的学生应该尽量避免到拥挤的人群中，不得已时，尽量走在人流的边缘。

3）发觉拥挤的人群向自己行走的方向过来时，应避到一旁，不要慌乱，不要奔跑，避免摔倒。

4）顺着人流走，切不可逆着人流前进，否则很容易被人流推倒。

5）一旦陷入拥挤的人流时，一定要先站稳，身体不要倾斜失去重心，要用一只手紧握另一只手手腕，双肘撑开，平放于胸前，要微微向前弯腰，形成一定的空间，保证呼吸顺畅，以免拥挤时造成窒息晕倒，如图6-6所示。即使鞋子被踩掉，也不要弯腰捡鞋子或系鞋带，有可能的话，先尽快抓住坚固可靠的东西慢慢走动或停住，待人群过去后再迅速离开现场。

6）若自己不幸被人群挤倒，要设法靠近墙角，身体蜷成球状，双手在颈后紧扣，以保护身体脆弱的部位，如图6-7所示。

7）在人群中走动，遇到台阶或楼梯时，尽量抓住扶手，防止摔倒。

8）在拥挤的人群中要时刻保持警惕，当发现有人情绪不对，或人群开始骚动时，就要做好准备，以保护自己和他人。

9）在人群慌乱时，要注意脚下，千万不能被绊倒，避免自己成为拥挤踩踏事件的诱

图 6-6　人群拥挤时的保护动作

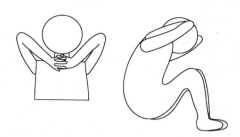

图 6-7　不慎跌倒的保护动作

发因素。

10）当发现自己前面有人突然摔倒时，要马上停下脚步，同时大声呼救，告知后面的人不要向前靠近。

2. 运动损伤

运动损伤是指在运动过程中发生的各种损伤，常见的运动损伤有关节韧带损伤、皮肤擦伤、肌肉损伤等。运动损伤多发生在学校体育课和日常身体锻炼过程中。

（1）发生运动损伤的原因

1）身体素质差，动作不正确，缺乏自我保护意识。

2）运动前不做准备活动或准备活动不充分，身体状态不佳。

3）教学、竞赛工作组织不当。

（2）运动损伤的预防

1）掌握预防运动损伤的相关知识，克服麻痹大意、冒进的思想。

2）遵守纪律，听从指挥。运动时穿宽松的运动服装，衣兜里不放钥匙等硬物，不随意搬动器材。

3）在激烈运动和比赛前都要做好充分的准备活动。

4）尽量选择适合自己的运动项目，适当控制运动量。

5）掌握运动要领，加强自我保护。运动过程中同学间相互协助。

3. 中暑

中暑是指在高温和热辐射的长时间作用下，出现的机体体温调节障碍，水、电解质代谢紊乱及神经系统功能损害的症状总称。中暑是一种威胁生命的急症，若不迅速有效治疗，可引起抽搐、死亡，还有可能产生永久性脑损害或肾脏衰竭等并发症。

（1）发生中暑的原因

1）环境温度过高。人体从外界环境吸收过多热量。

2）产热增加。重体力劳动、发热疾病、甲状腺功能亢进症和使用某些药物（如苯丙胺）使自身产热增加。

3）散热障碍。如环境不通风、湿度大、身体肥胖或穿着不透气衣服等。

4）汗腺功能障碍。人体主要通过皮肤汗腺散热，患有系统性硬化病、广泛性皮肤瘢痕、先天性无汗症，以及服用抗胆碱能药或滥用毒品都会抑制出汗。

（2）中暑的预防

1）预防中暑应从根本上改善劳动和居住条件，隔离热源，降低工作、学习环境温度，调整作息时间，出汗过多时补充含盐 0.3% 的清凉饮品。

2）掌握中暑的防治知识，特别是中暑的早期症状。

3）心血管器质性疾病，高血压，中枢神经器质性疾病，明显的呼吸、消化或内分泌系统疾病，以及肝、肾疾病应列为高温环境就业（实习）禁忌证。

4. 溺水

溺水又称淹溺，是指人淹没于水中，由于水被吸入肺内或喉痉挛导致窒息。淹溺的进程很快，一般 4~6 min 就可因呼吸和心跳停止而死亡。不少人夏日喜欢在江、河、水塘内游泳，很容易发生溺水。

（1）溺水的原因

1）不熟悉水性，意外落水。溺水多见于儿童、青少年和老人，以误落水中为多，也有意外事故，如因遭遇洪水、船只翻沉等意外落水。

2）熟悉水性，遭遇意外。如潜水时碰撞硬物，游泳时手足抽筋、心脏病发作或中风、吸水后处理不当等。在游泳过程中，不小心吸入气管少量水而引发咳嗽时，若坚持继续游泳，在头沉入水下的过程当中会发生呛咳，大量水进入肺部，造成溺水。

（2）溺水的预防

1）游泳应选择正规游泳场所。《体育场所开放条件与技术要求　第 1 部分：游泳场所》（GB 19079.1—2013）对游泳场所的安全保障措施给出了明确的规定，要求游泳场所配置救生观察台以及相关救生器材，对游泳救生员的数量也作出了规定。

2）要清楚自己的身体健康状况，做好下水前的准备活动。如水温太低应先在浅水处用水淋洗身体，待适应水温后再下水游泳。

4）下水后不能逞能，不要贸然跳水和潜泳，更不能互相打闹，不要酒后游泳。

5）在游泳中如果突然觉得身体不适，如感到眩晕、恶心、心慌、气短等，要立即上岸休息或呼救。

6）在游泳中，若小腿或脚部抽筋，不要惊慌，可用力蹬腿或做跳跃动作，也可用力按摩、拉扯抽筋部位，同时呼叫同伴救助。

7）遇到溺水事故，现场急救刻不容缓。将溺水者救上岸后，立即清除其口鼻内的污泥、呕吐物，保持呼吸道通畅。对牙关紧闭者按捏两侧面颊用力开启。判断溺水者有无心跳呼吸，若无心跳呼吸，应尽快进行心肺复苏，同时给予保暖，不要轻易放弃。

5. 触电

触电是电击伤的俗称，通常是指人体直接触及电源或高压电，经过空气或其他导电介质传递电流并通过人体时引起的组织损伤和功能障碍，重者发生心跳和呼吸骤停。超过 1 000 V 的高压电还可引起灼伤。

（1）触电的原因。常见的触电原因有很多种，归纳起来大致有以下几点。

1）误认为线路或电气设备断电或无电，未经验电就动手检修操作而误触电。

2）安全措施不到位，接线错误，造成触电。

3）违反带电操作规程，如不采取相应绝缘措施等。

4）人体无意触摸到破损的电线或漏电设备的金属外壳，如用湿手去开关电灯或用湿布擦拭带电的灯具或插座装置等。

5）人体离高压电气设备太近（小于或等于放电距离），带电体很可能对人体放电而造成触电。

（2）触电事故的预防

1）电工属于特种作业人员，必须经专门的安全技术培训并考核合格，取得中华人民共和国特种作业操作证后，方可上岗作业。特种作业操作证，是由国家应急管理部统一式样、标准及编号的从业资格证书。

2）在进行电气设备安装和维修操作时，至少应有两名持有电工特种作业操作证的电工一起工作，必须严格遵守各项安全操作规程和规定，不得玩忽职守。

3）操作时要严格遵守停电操作的规定，要切实做好防止突然送电的各项安全措施，如挂上"有人工作、不许合闸"的警示牌，锁上闸刀或取下总电源保险器等，不准约定时间送电。

4）电工在一般情况下不允许带电作业，在检修电气线路或设备前应先断开电源，并用验电器检验，确认无电后，方可进行工作。

5）在邻近带电部分操作时，要保证有可靠的安全距离。

6）操作前应仔细检查电工工具的绝缘性能，检查绝缘鞋、绝缘手套等安全用具的绝缘性能是否良好，有问题的应立即更换，并应定期进行检查。

7）如果发现有人触电，要立即采取正确的抢救措施。

二、应急救护知识

当人们遭遇各类安全事故或者意外灾害时，往往会受到不同类型和程度的身体损伤。在情况紧急时，除了及时拨打"120"急救电话，掌握一定的急救知识，在现场进行有效施救，往往会使轻伤者减轻痛苦、重伤者挽回生命。

1. 心肺复苏（CPR）

心肺复苏是人人都应学会的应急救护技能。心肺复苏是当病人停止呼吸和心脏骤停时，用口对口人工呼吸和胸外心脏挤压法进行抢救的一种技术。心肺复苏适用于由急性心肌梗塞、脑卒中、严重创伤、电击伤、溺水、挤压伤、踩踏伤、中毒等多种原因引起的呼吸、心跳骤停的伤病员。人的呼吸、心跳骤停 4 min 以内进行心肺复苏，有 50% 存活率；4～6 min 开始心肺复苏存活率约 10%；超过 6 min 仅 4%；超过 10 min 则存活率很低。心肺复苏术的具体步骤如下。

（1）判断患者意识。呼叫患者，轻拍患者肩部，确认患者是否意识丧失。

（2）判断患者呼吸。通过眼看、面感、耳听三个步骤来完成。眼看，胸部有无起伏；面感，有无气流流出；耳听，有无呼吸音。无反应表示呼吸停止。

（3）判断患者心跳。操作者食指和中指指尖触及患者气管正中部（相当于喉结的部位），向同侧下方滑动两三厘米，至胸锁乳突肌前缘凹陷处。判断时间不少于10 s。

当确认患者只有心跳、没有呼吸时，可对患者进行口对口人工呼吸；当患者没有呼吸、心跳时，应对患者实施心肺复苏。按照每做30次胸外心脏按压、做2次人工呼吸进行抢救。

（4）胸外心脏挤压法。使患者身体伸直仰卧，后背着地处须为结实木板或床垫，注意保持触电者体温。急救者用左手掌根紧贴触电者胸部两乳头连线中点（胸骨中下 1/3）处，两手重叠，双臂伸直，用上身力量用力按压，每分钟100~120次，使胸部下陷至少5 cm（儿童酌减），但不超过6 cm，并尽可能减少按压中的停顿。如图6-8所示。

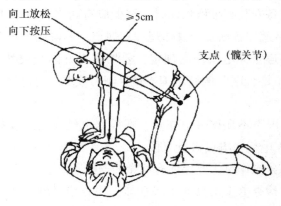

图6-8　胸外心脏挤压法

（5）口对口人工呼吸法。使用口对口人工呼吸法对触电者进行急救，要先清除触电者口中的血块、痰液或唾液，抢救者深深吸气，抬起触电者下颌，捏紧触电者的鼻子，大口地向其口中吹气，然后放松鼻子，使其呼气。如此重复进行，每次以5 s左右为宜，不可间断，直至触电者苏醒为止。口对口人工呼吸方法如图6-9所示。

a)　　　　　　　　　　b)　　　　　　　　　　c)

图6-9　口对口人工呼吸法

a）使触电者仰卧并抬起下颌　b）捏住鼻腔吹气　c）松开鼻腔使触电者呼气

2. 止血

外伤出血在生活中很常见，小到割伤、划伤，大到创伤后的大面积出血。当人体失血量达全身血量的20%以上时，会出现意识不清、休克等症状。因此，在创伤急救中，快速止血最为重要。

（1）出血的种类

1）毛细血管出血。表现为血液慢慢渗出，呈鲜红色。

2）静脉出血。表现为出血速度较慢，呈暗红色。

3）动脉出血。表现为出血速度很快，呈喷射状，颜色鲜红。

（2）常用的急救止血方法

1）伤口加压法。这种方法主要适用于出血量不太大的一般伤口，通过对伤口加压包扎，减少出血，让血液凝固。具体做法：如果伤口处没有异物，用干净的纱布、手绢、绷带等或直接用手紧压伤口止血；如果出血较多时，可以用纱布、毛巾等柔软物垫在伤口上，再用绷带包扎以增加压力，达到止血的目的，如图6-10a所示。

2）手压止血法。手压止血法仅限于无法止住伤口出血，或准备敷料包扎伤口的时候。手压止血法是动脉出血最迅速的一种临时止血法，用手指或手掌压迫伤口靠近心端的动脉，将动脉压向深部的骨头上，阻断血液流通，从而达到临时止血的目的，如图6-10b所示。这种方法通常在急救中与其他止血方法配合使用，其关键是找准身体各部位血管止血的压迫点。施压时间切勿超过15 min。否则，肢体组织可能因缺氧而损坏，以致不能康复，继而还可能需要截肢。

3）止血带法。这种方法适用于四肢伤口大量出血时使用。用1根1 m长的橡胶管，绑扎在肢体适当部位，在急救时可用布带、绳索等代替。使用止血带法止血时，绑扎松紧要适宜，以出血停止、远端不能摸到脉搏为好，如图6-10c所示。使用止血带的时间越短越好，最长不宜超过3 h，并在此时间内每隔30 min或1 h慢慢解开、放松一次。每次放松一两分钟，放松时可用手压法暂时止血。注意不要轻易使用止血带，因为绑扎好的止血带能把远端肢体的全部血流阻断，造成组织缺血，时间过长会引起肢体坏死。

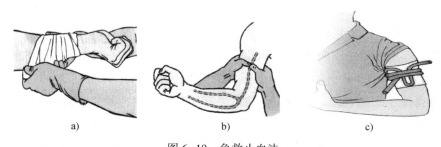

a)   b)   c)

图6-10　急救止血法

a）伤口加压法　b）手压止血法　c）止血带法

3. 包扎

包扎是外伤现场应急处理的重要措施之一。及时正确的包扎，可以达到压迫止血、减少感染、保护伤口、减少疼痛，以及固定敷料和夹板等目的。一般是利用纱布、棉垫覆盖伤口，再以绷带缠绕，这样可以起到固定纱布和夹板、止血、防止污染伤口、支持关节和肢体、限制骨折端移动的作用。

常用于包扎的物品有绷带卷和三角绷带。在紧急情况下，毛巾、围巾、领带等都可以临时替代绷带做包扎用。

包扎时病人应坐下或躺下；包扎应松紧适度，起到固定纱布、止血、防止移动的作用，同时，以不影响血液循环为好；包扎四肢应露出手指和脚趾，以便经常检查皮肤颜色，防止包扎过紧，影响血液流动。

常用的包扎方法有以下几种，如图 6-11 所示。

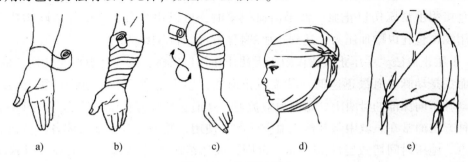

图 6-11　常用包扎法

a）环形法　b）螺旋法　c）8字形法　d）面部十字形包扎法　e）肩部包扎法

（1）环形法。用于包扎肢体粗细相等部位，如颈部、胸腹部、手腕部等。

操作方法：将绷带做环形缠绕，第一圈稍呈斜形，第二圈将第一圈斜出的一角压于环形圈内，最后环绕数周用胶布固定。

（2）螺旋法。用于包扎肢体粗细相差不多的部位，如肢体、躯干等处。

操作方法：第一圈与第二圈同环形法，从第三圈开始将绷带做螺旋形向上缠绕，每绕一圈重叠 1/2 或 1/3，绕成螺旋状，最后用胶布固定。

（3）8字形法。用于包扎肩、肘、膝、踝等关节部位。

操作方法：将绷带一圈向上、一圈向下，每圈在正面和前一圈相交叉，并压盖前一圈1/2。包扎方向从关节正中开始向关节上下方向扩大包扎。

（4）面部十字形包扎法。适用于包扎下颌、耳部、前额、颞部小范围伤口。

操作方法：将三角巾折叠成三指宽带状，放于下颌敷料处，两手持三角巾，两底角分别经耳部向上提，长的一端绕头顶与短的一端在颞部交叉成十字，然后两端水平环绕头部，经额、颞、耳上、枕部，与另一端打结固定。

（5）肩部包扎法。适用于包扎一侧肩部外伤。

操作方法：将燕尾三角巾的顶角对着伤侧颈部，巾体紧压伤口的敷料上，燕尾底部包绕上臂根部打结，然后两个燕尾角分别经胸、背拉到对侧腋下打结固定。

4. 骨折固定

骨折多是由于撞击、坠落、扭转过度等意外造成的。骨折发生后，应及时进行临时固定，主要是为了避免骨折处在搬运移动时损伤软组织神经或内脏，还可止痛、防止休克。

（1）临时固定的注意事项

1）开放性骨折，必须先止血，再包扎，最后进行骨折固定，此顺序不可颠倒。

2）下肢或脊柱骨折，应就地固定，尽量不要移动伤员。

3）在进行骨折固定时，应使用夹板、绷带、三角巾、棉垫等物品。手边没有以上物品时，可就地取材，如树枝、木板、木棍、硬纸板、塑料板、衣物、毛巾等均可代替。

4）骨折固定时应包括上、下两个关节，在肩、肘、腕、股、膝、踝等关节处应垫棉花或衣物，以免压破关节处皮肤。固定应以骨折部位不发生相对移动为度，不可过松或过紧。

5）固定四肢骨折时应露出指（趾）端，以随时观察血液循环情况，如有苍白、紫绀、发冷、麻木等表现，应立即松开，重新固定，以免造成肢体缺血、坏死。

6）搬运时要做到轻、快、稳。

（2）各部位骨折的临时固定法

1）小臂及腕部骨折。在小臂及腕部背侧放一夹板，用绷带或布带缠绕固定，并屈肘悬吊小臂于胸前，如图 6-12a 所示。

2）大臂骨折。可用前后夹板固定，屈肘悬吊小臂于胸前。若无夹板，也可屈肘将大臂固定于胸前，如图 6-12b 所示。

3）躯干部骨折。伤员应平卧于硬板上，最好仰卧位，两侧放枕头等固定物品，防止滚动，用绷带等固定，如图 6-12c 所示。

4）小腿骨折。内外侧放夹板，上端超过膝关节，下端到足跟，再缠绕固定，如图 6-12d 所示。

5）髋部及大腿骨折。夹板放在躯干外侧，上至腋下，下至脚踝，用绷带缠绕固定，如图 6-12e 所示。

5. 烧伤

烧伤一般是由热力、化学物质、电击造成的人体组织损害，主要是皮肤和黏膜，严重者也可伤及皮下和黏膜下组织，如肌肉、骨、关节，甚至内脏。

（1）热力烧伤应对措施。热力烧伤一般是指由于热力，如火焰、热液（水、油、汤）、热金属（液态和固态）、蒸汽和高温气体等所致的人体组织或器官的损伤。

1）尽快脱去着火或沸液浸湿的衣服，特别是化纤衣服，以免发生燃烧或衣服上的热液继续作用，使创面加深。

2）若烧伤处皮肤尚完整，应尽快局部降温。用清水或自来水充分冷却烧伤部位，然后用消毒纱布或干净布等包裹伤面，这样会带走局部组织热量，减少进一步损害。

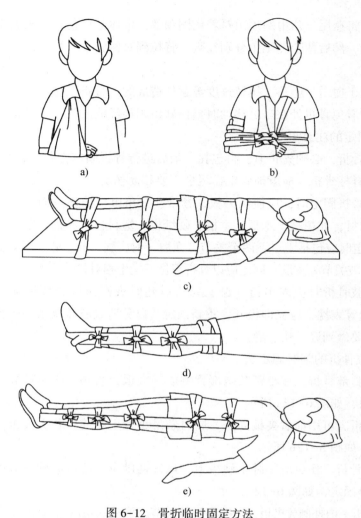

图 6-12　骨折临时固定方法

a）小臂及腕部骨折固定　b）大臂骨折固定　c）躯干部骨折固定

d）小腿骨折固定　e）髋部及大腿骨折固定

3）对呼吸道烧伤者，注意疏通呼吸道，防止异物堵塞。

4）伤员口渴时可饮少量淡盐水，紧急处理后可使用抗生素类药物，预防感染。

（2）化学物品烧伤应对措施。在日常生活、工作、学习过程中，受到酸、碱、磷等化学物品烧伤时，最简单、最有效的处理办法是用大量清洁冷水冲洗烧伤部位，一方面可冲淡和清除残留的化学物品，另一方面作为冷疗的一种方式可减轻疼痛。头面部烧伤应注意首先保护眼睛，尤其是检查角膜有无烧伤，并优先冲洗。

（3）电烧伤应对措施。发生电烧伤后，应迅速采取以下措施。

1）迅速关闭电源，使伤者脱离电源。

2）伤员转移至通风处，松开衣服，同时进行全身及胸部降温。

3）清除呼吸道分泌物。

4）对伤口用消毒纱布包裹，出血时用止血带、止血药等包扎处理。

5）当伤者呼吸停止时施行人工呼吸，心脏停止跳动时施行胸外心脏按压。

对于各种烧伤，切忌不可听信土方法，在烧伤处乱涂牙膏、酱油、白酒、紫药水等物，这样做可能引起感染。对于烧伤严重的患者，除了以上应急处理方法外，必须及时送医处理。

6. 气道梗阻

气道梗阻是指异物卡在气道中无法排出的一种非常危险的情况，常因错过最佳的抢救时机而导致患者死亡。常见症状为呼吸短促、费力、喘鸣。依据梗阻的程度，可以是隐匿的，也可以是急剧的，若接近完全梗阻时，常表现呼吸短促、费力、喘鸣，病人常显焦虑，面色苍白、多汗、身向前倾斜，头颈前伸，试图减轻症状，可能伴有发音困难、吞咽困难、阵发性剧咳等症状。

不同年龄段根据气道梗阻轻重程度可采用不同方法，轻度气道梗阻，气道梗阻发生时间不长，而且患者意识清晰，采取方法为背部叩击法。当梗阻发生时，施救者用手掌根部扣击背部两侧肩胛骨之间，反复用力叩击。如效果不佳，5次拍背后，进行5次胸部冲击或5次腹部冲击，如此重复，帮助异物从气道排出。1岁以下婴儿5次拍背加5次胸部按压，反复进行，直到开始咳嗽、哭泣，恢复呼吸。

如果遇重度气道梗阻，患者已经出现意识障碍等症状，此时要采取腹部冲击法（又称海姆立克急救法，如图6-13所示），肥胖者或孕妇可使用胸部冲击法。施救者站在被卡者身后，从背后环抱，前腿弓、后腿蹬，重心站稳，让被卡者身体略前倾。施救者一只手握拳，抵住被卡者肋骨下缘与肚脐之间，拇指扣向其腹部，另一只手环抱其腹部，并覆盖于另一只拳头之上。位置摆正之后，用力收紧双臂，向被卡者上腹部内上方猛烈施压，冲击腹部及膈肌下的软组织，再向上推压，利用冲击产生向上的压力，重复进行施压操作，最终将堵住气管、喉部的食物硬块等异物排出。

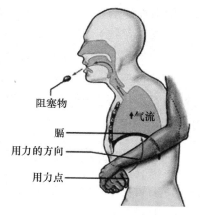

图6-13　海姆立克急救法

第七章　疾病防控

远离疾病，保持健康，是所有人的愿望。我们可以通过了解和掌握疾病的有关知识，尽量降低患病的风险，即使生了病也能尽快康复。一般来说，身体上的疾病可分为传染性疾病和非传染性疾病两大类。

第一节　传染性疾病防控

传染性疾病就是常说的传染病，是多种疾病的总称。传染病是指由特异病原体（或它们的毒性产物）感染宿主个体（如人体）后产生的有传染性的、在一定条件下可造成流行的疾病。传染病是一种能在人与人、动物与动物或人与动物之间相互传染的疾病。全球每年死于传染病的人数约占总死亡人数的25%。传染病种类很多，常见的有流行性感冒、病毒性肝炎、肺结核、狂犬病、艾滋病、新型冠状病毒肺炎和其他感染性腹泻病等。

一、传染病发生的两个条件

传染病发生有两个基本的条件，即病原体和宿主。

1. 病原体

病原体是指能够引起宿主致病的各种生物体，包括病毒、细菌、真菌和寄生虫等。

2. 宿主

宿主是指在自然条件下被病原体寄生的人或动物。当宿主机体具有充分的免疫能力时，病原体难以侵入、生存或繁殖，不能导致宿主感染和发病。

二、传染病流行的三个环节

传染病在人群中发生流行的过程需要三个环节：传染源、传播途径和易感人群。三个环节相互依赖、相互联系，缺少任何一个环节，传染病都不会发生流行。

1. 传染源

传染源主要包括病人、病原携带者和受感染的动物。

（1）病人。病人是最重要的传染源，其体内通常存在大量病原体，具有使病原体大量排出的临床症状，如咳嗽、腹泻等。

（2）病原携带者。病原携带者是没有任何临床表现而能排出病原体的人。根据病原体的不同可以分为带菌者、带毒者和带虫者；根据携带状态和疾病分期可以分为潜伏期病原携带者、恢复期病原携带者和健康病原携带者。

（3）受感染的动物。人类的某些传染病是由动物传播造成的。这类疾病的病原体在自然界的动物间传播，也称动物传染病。动物传染病在一定条件下可以传染给人，所致疾病称为自然疫源性疾病或人兽共患病，如鼠疫、森林脑炎、钩端螺旋体病、狂犬病、炭疽、血吸虫病等。

2. 传播途径

传染病的传播途径是指病原体从传染源排出，通过一定的方式再侵入其他易感患者所经过的途径，常见的传播方式有以下几种。

（1）经空气传播，易感者吸入空气时感染。空气传播不需要与病人直接接触，因此，比其他传播途径更容易造成传染病流行。经空气传播的传染病流行特征包括：①传播途径易于实现，病例常可连续发生，病人多为传染源周围的人群；大多流行有季节性特点，一般多见于冬季、春季；②在缺乏免疫屏障的人群中，人们常在儿童时期感染并获得持久免疫力；③人

口密度、居住条件、易感者所占的比例是影响空气传播的重要因素。

经空气传播主要包括经飞沫传播、经飞沫核传播和经尘埃传播三种途径。

1）经飞沫传播。该传播途径对环境抵抗力较弱，只累及传染源周围的密切接触者。病原体通过病人在咳嗽、打喷嚏、谈话时排出的分泌物和飞沫排出，使易感者吸入而被感染。所有呼吸道疾病，如流行性脑脊髓膜炎、猩红热、百日咳、流感、麻疹、腮腺炎等，都可以通过此方式传播。

2）经飞沫核传播。通常以气溶胶的形式飘扬到远处，在空气中存留较长时间，如结核杆菌、白喉杆菌、新冠肺炎病毒等，都可以通过此方式传播。

3）经尘埃传播。即含有病原体的飞沫或分泌物落在地面，干燥后形成尘埃，易感者吸入后被感染。例如随地吐痰，痰液干燥后与灰尘混合一起飞扬于空气中，人体吸入后也可发病。对外界抵抗力较强的病原体，如结核杆菌和炭疽杆菌的芽孢等，都可以通过此方式传播。因此，随地吐痰是传播呼吸道传染病的重要因素。

（2）经饮食传播，易感者于进食时感染。经食物传播的传染病的流行性特征包括：①发病者食用过污染的食物，未食用者不发病；②易形成暴发，累及人数与食用污染食物的人数有关；③停止供应污染食物后，暴发即可平息；④一般潜伏期较短，临床症状较重，通常不形成慢性流行。

经饮食传播有经水传播和经食物传播两种途径。

1）经水传播。经水传播是肠道传染病的主要传播途径，主要是由于人们饮用被粪便污染或被病原体污染的水体而使传染病传播开来。经水传播常见的疾病有霍乱、伤寒、细菌性痢疾及甲型肝炎等，常呈暴发式流行。当水源持续被污染时，病例可终年不断，发病呈地方性特点。

2）经食物传播。经食物传播的病原体多见于肠道传染病、某些寄生虫病及少数呼吸道疾病（如肺结核病、白喉等）。经食物传播有两种情况：一种是食物本身含有病原体，另一种是食物在不同条件下被污染。

（3）经接触传播，易感者直接或间接接触时感染。经接触传播有直接接触传播和间接接触传播两种途径。

1）直接接触传播。直接接触传播是指传染源与易感者直接接触，而未经任何外界因素所造成的传播。性病、狂犬病等传染病为直接接触传播。

2）间接接触传播。间接接触传播又称日常生活接触传播，是指易感者接触了被传染源的排泄物或分泌物污染的日常生活用品而造成的传播。手在间接接触传播中起着特别重要的作用。例如，接触被传染源污染的食品、衣服、被褥、玩具、文具、毛巾、坐便器等物品后，就可能被传染痢疾、伤寒、肝炎、急性出血性结膜炎等疾病。

间接接触传播多见于卫生条件较差或个人卫生习惯不良者。改善公共卫生条件及个人卫生习惯后，可以减少或停止发病。

（4）经虫媒介传播，易感者在被受感染的节肢动物叮咬时感染。虫媒介主要是蚊子、跳蚤、蟑螂、苍蝇等昆虫。病原体在昆虫体内繁殖，通过不同的侵入方式（叮咬、接触）使病原体进入易感者体内。例如，蚊子传播疟疾、丝虫病、乙型脑炎；跳蚤传播鼠疫；苍蝇传播菌痢、伤寒等疾病。

经虫媒介传播的传染病一般具有显著地区性和季节性，有些还具有明显的职业特点和年龄差异。

（5）经土壤传播。一些传染病病原体的芽孢在土壤中生存，被污染的土壤经过破损的皮肤使人们感染病原体引起传染病。破伤风、炭疽等传染病可经土壤传播。

经土壤传播病原体的概率大小，取决于病原体在土壤中的存活时间、人与土壤接触的机会与频度、个人卫生习惯和劳动条件等。

3. 易感人群

我们把有可能发生传染病感染的人群，或对某些传染病的病原体不具备免疫力的确定人群称之为易感人群。人群作为一个整体对传染病的易感程度称为人群易感性。人群易感性的高低取决于该人群中易感个体所占的比例。

三、传染病的分类

防疫部门为了及时掌握传染病的发病情况，规定特定传染病被发现后，必须及时向其报告，这些传染病被称为法定传染病。1989 年，我国颁布了《中华人民共和国传染病防治法》，将传染病分为甲、乙、丙三类，后于 2004 年和 2013 年两次修订。2020 年 1 月，新型冠状病毒肺炎被纳入乙类传染病。

1. 甲类传染病

甲类传染病是指对人体健康和生命安全危害特别严重，可能造成重大经济损失和社会影响，需要采取强制管理、强制隔离治疗、强制卫生检疫、控制疫情蔓延的传染病，包括鼠疫、霍乱，共 2 种。对此类传染病发生后报告疫情的时限，对病人、病原携带者的隔离、治疗方式，以及对疫点、疫区的处理等，均有强制性规定。

2. 乙类传染病

乙类传染病是指对人体健康和生命安全危害严重，可能造成较大经济损失和社会影响，需要采取严格管理、落实各项防控措施、降低发病率、减少危害的传染病，包括传染性非典型肺炎、艾滋病、病毒性肝炎、脊髓灰质炎、人感染高致病性禽流感、麻疹、流行性出血热、狂犬病、流行性乙型脑炎、登革热、炭疽、细菌性和阿米巴性痢疾、肺结核、伤寒和副伤寒、流行性脑脊髓膜炎、百日咳、白喉、新生儿破伤风、猩红热、布鲁氏菌病、淋病、梅毒、钩端螺旋体病、血吸虫病、疟疾、新型冠状病毒肺炎，共 26 种。对此类传染病要严格按照有关规定和防治方案进行预防和控制。对乙类传染病中传染性非典型肺炎、炭疽中的肺炭疽、人感染高致病性禽流感和新型冠状病毒肺炎，采取甲类传染病的预防、控制措施。

3. 丙类传染病

丙类传染病是指常见多发、对人体健康和生命安全造成危害，可能造成一定程度的经济损失和社会影响，需要监测管理、关注流行趋势、控制暴发流行的传染病，包括流行性感冒（简称流感）、流行性腮腺炎、风疹、急性出血性结膜炎、麻风病、流行性和地方性斑疹伤寒、黑热病、包虫病、丝虫病、其他感染性腹泻病（除霍乱、细菌性和阿米巴性痢疾、伤寒和副伤寒以外的感染性腹泻病），共 10 种。对此类传染病要按国务院卫生行政部门规定的监测管理方法进行管理。

四、传染病的防治与应急措施

传染病的危害不只在于它的致病、致死，更在于由于它的大面积传播给人们带来的心理恐慌。面对传染病的威胁，我们有必要学习一些基本的传染病防治知识。

1. 预防措施

传染病的预防措施有以下几个方面。

（1）管理传染源。传染源可以是疾病的患者、无症状感染者、病原携带者及被感染的动物。对于已经确诊的患者，要尽早隔离，患者带有病原体的分泌物或其他接触物都要消毒处理；对于无症状感染者和病原携带者要进行临床观察。

（2）切断传播途径。各种传染病都有其特有的传播方式，呼吸系统传染病一般都是经空气中的飞沫传播，切断传播途径的方式是戴上口罩，尽量少去人多的公共场所；消化系统传染病多是经过粪—口传播或是直接接触病人分泌物而感染，如痢疾、蛔虫病，切断传播途径的方式是勤洗手，不要随意接触病人的物品等。

（3）保护易感人群。并不是所有接触了传染源的人都会被传染，只有当这个人对该疾病没有免疫力的时候，才会有很大可能患病。人们平时可以靠加强营养、锻炼身体来提高免疫系统的抵抗力，但是对于传染病来说，最有效的预防办法是进行预防接种。

2. 疫情应急措施

传染病疫情一旦发生，应采取以下控制疫情发展的措施。

（1）及时报告传染病疫情。传染病报告是我国传染病防治规定的重要制度之一，是早期发现传染病的重要措施，也是及时控制传染病进一步传播的有效措施。医疗保健人员、卫生防疫人员是法定报告人，其他行业的职工、干部、居民等各类人员也都有报告的义务。

（2）对传染病患者、疑似患者进行隔离和治疗。对传染病患者、疑似患者应做到"早发现、早诊断、早报告、早隔离治疗"。除传染病人外，病原携带者常常也是重要传染源，也应争取尽早发现并采取相应措施。传染病疑似病人必须接受医学检查、随访和隔离措施，并不得拒绝。甲类传染病疑似病人必须在指定场所进行隔离观察、治疗，乙类传染病疑似病人可在医疗机构指导下治疗或隔离治疗。

五、常见传染病的预防

1. 流行性感冒

流行性感冒是由流感病毒引起的急性发热性呼吸道传染病，经飞沫传播，临床典型表现为突起畏寒、高热、头痛、全身酸痛、疲弱乏力等症状，而呼吸道症状较轻，病程一般为三四天。

流行性感冒的预防措施主要有以下几点。

（1）保持环境卫生，经常给室内通风。尽量避免到人群拥挤的公共场所，不与病人接触。

（2）养成良好的个人卫生习惯，勤洗手。

（3）加强锻炼，每天洗脸时用冷水刺激鼻部，增强人体对寒冷的适应能力，提高抵抗力。

（4）接种流感疫苗。

2. 病毒性肝炎

病毒性肝炎是由多种肝炎病毒引起的常见传染病，具有传染性强、传播途径复杂、流行面广泛、发病率较高等特点。临床上主要表现为乏力、食欲减退、恶心、呕吐、肝肿大及肝功能损害，部分病人可有黄疸和发热，以及出现荨麻疹、关节痛或上呼吸道症状。病毒性肝炎分甲型、乙型、丙型、丁型和戊型肝炎五种。

病毒性肝炎的预防措施主要有以下几点。

（1）接种甲肝疫苗、乙肝疫苗。

（2）养成良好卫生习惯，饭前便后洗手，不吃生冷、变质食物。生熟食物分开存放，剩饭菜要热透食用，不到不卫生的路边摊点、饭店用餐。

（3）不与他人共用注射针头，避免不必要的输血和使用血制品，不接触病人的血液及被血液污染的物品，不与病人共用餐具、洁具、剃刀等。

3. 肺结核

肺结核是由结核分枝杆菌引发的肺部感染性疾病。肺结核的传染源主要是排菌的肺结核患者，通过空气传播。不是所有的肺结核病人都具有传染性，只有用显微镜检查发现痰液中有结核菌的肺结核病人才有传染性。肺结核的临床表现为午后低热、盗汗、乏力、食量减少、消瘦、女性月经失调等，呼吸道症状有咳嗽、咳痰、咳血、胸痛、不同程度胸闷或呼吸困难。

肺结核的预防措施主要有以下几点。

（1）饮食有节，起居有常，保持身体健康。

（2）经常呼吸新鲜空气。

（3）保持乐观情绪，不良情绪可影响人体的抵抗力。

（4）经常参加体育运动，锻炼身体，增强体质。

（5）尽量减少与肺结核病人（特别是病灶处于活动期的肺结核病人）接触。

4. 狂犬病

狂犬病是由狂犬病毒所致的急性传染病，多见于犬猫等肉食动物，人多因被病兽咬伤而感染。狂犬病主要症状表现为特有的恐水、怕风、咽肌痉挛、进行性瘫痪等。因恐水症状比较突出，又称"恐水症"。目前还缺乏对狂犬病的有效治疗手段，人患狂犬病的死亡率近100%，患者一般于3~6日内死于呼吸或循环衰竭。

狂犬病的防治措施主要有以下几点。

（1）要对家庭饲养的犬猫等动物进行免疫接种，远离流浪动物。

（2）被犬猫等动物咬伤或抓伤后，应立即用20%的肥皂水反复冲洗伤口，不少于15 min，一般不缝合包扎伤口，必要时使用抗菌药物，伤口深时还要使用破伤风抗毒素。

（3）人一旦被咬伤须立即注射狂犬疫苗，严重者还需注射狂犬病免疫球蛋白。

5. 人感染高致病性禽流感

人感染高致病性禽流感是由禽甲型流感病毒某些亚型中的一些病毒引起的人类急性呼吸道传染病。它通常只感染鸟类，少数情况会感染人、猪、马、水貂和海洋哺乳动物。部分确诊病例曾经接触过动物或者处于有动物环境当中。患者一般表现为流感样症状，如发热，咳嗽，少痰，可伴有头痛、肌肉酸痛和全身不适。重症患者病情发展迅速，表现为重症肺炎，体温大多持续在 39 ℃ 以上，出现呼吸困难，伴有咳血痰；病情发展迅速，可出现急性呼吸窘迫综合征、纵隔气肿、脓毒症、休克、意识障碍及急性肾损伤等。

人感染高致病性禽流感的预防措施主要有以下几点。

（1）注意个人卫生，勤洗手，室内勤通风换气；注意营养，保证充足的睡眠和休息，加强体育锻炼。

（2）尽可能减少与禽畜不必要的接触，尤其是与病禽、死禽的接触；远离家禽的分泌物，接触过禽鸟或禽鸟粪便，要用消毒液和清水彻底清洁双手；食用禽肉、禽蛋时要充分煮熟。

（3）在正规的销售场所购买经过检疫的禽类产品。

（4）出现打喷嚏、咳嗽等呼吸道感染症状时，要用纸巾、手帕掩盖口鼻，预防感染他人；出现发热、咳嗽、咽痛、全身不适等症状时，应戴上口罩。

（5）若出现疑似症状时，应戴上口罩，尽快到医院就诊，务必要告诉医生自己发病前是否到过禽流感疫区、是否与病禽类接触等情况，并在医生指导下治疗和用药。

（6）年老体弱者，特别是患有基础病的群体，在呼吸道传染病高发时期，应尽量减少到空气不流通和人群拥挤的场所，必要时应戴口罩。

6. 感染性腹泻

感染性腹泻也称急性胃肠炎，指各种病原体肠道感染而引起的腹泻。该病的主要传播途径是饮食传播、接触传播，其流行面广，发病率高，是危害人们身体健康的常见传染病，全年均可发病，具有明显季节高峰。细菌感染性腹泻一般夏、秋季节多发，而病毒感染性腹泻则以秋、冬季节发病较多。

感染性腹泻的预防措施主要有以下几点。

（1）保持环境卫生。管理好水源、粪便，消灭蚊蝇。

（2）保证食品卫生。生吃蔬菜瓜果要洗干净，不喝生水、不吃腐烂不洁的食物。食物要煮熟煮透，剩菜剩饭要加热后食用，生熟食品分开放置，夏季注意凉拌菜卫生，防止苍蝇叮爬。厨房用具应生熟分开，进食有包装食品前应注意保质期，不吃过期食物。

（3）注意个人卫生。饭前便后要洗手。常用物品应定期清洗、消毒，避免病菌污染而感染。

7. 艾滋病

艾滋病又称获得性免疫缺陷综合征，是一种危害性极大的传染病，由感染艾滋病病毒（HIV）引起。艾滋病病毒是一种能攻击人体免疫系统的病毒。它把人体免疫系统中最重要的 T 淋巴细胞作为主要攻击目标，大量破坏该细胞，使人体丧失免疫功能而易于感染各种疾病，并可发生恶性肿瘤。该病病死率较高。艾滋病病毒在人体内的潜伏期平均为八九年，患艾滋病以前，可以没有任何症状地生活和工作多年。

患者被艾滋病病毒感染后，最开始的数年可无任何临床表现，这个阶段的患者属于艾滋病病毒携带者，只有到了艾滋病发病期，才被称为艾滋病患者。这个阶段的一般症状是持续发烧、虚弱、盗汗，持续广泛性全身淋巴结肿大，在3个月内体重下降可达10%以上，最多可降低40%，病人消瘦特别明显。艾滋病患者还可能出现呼吸道、消化道、神经系统方面的一系列症状，皮肤和黏膜受到损害，甚至出现恶性肿瘤。进入发病期后，患者一般会在半年至两年内死亡。艾滋病的传播途径主要是性传播、血液传播、母婴传播三种。除了以上三种传播途径外，日常接触一般不会传播艾滋病病毒，如图7-2所示。

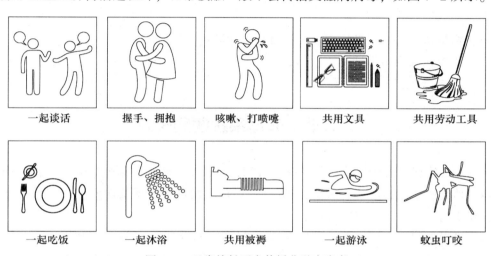

一起谈话	握手、拥抱	咳嗽、打喷嚏	共用文具	共用劳动工具
一起吃饭	一起沐浴	共用被褥	一起游泳	蚊虫叮咬

图7-2 日常接触不会传播艾滋病病毒

为提高人们对艾滋病的认识，世界卫生组织于1988年1月将每年的12月1日定为"世界艾滋病日"，号召世界各国和国际组织在这一天举办相关活动，宣传和普及预防艾滋病的知识。目前尚无预防艾滋病的有效疫苗，因此，最重要的是采取预防措施。

艾滋病的预防措施主要有以下几点。

（1）洁身自爱，遵守性道德，正确使用安全套。

（2）拒绝毒品，不与他人共用注射器。

（3）避免不必要的注射、输血和使用血液制品，必要时要在医生的指导下使用。

8. 新型冠状病毒肺炎

新型冠状病毒肺炎简称新冠肺炎，是一种急性呼吸道传染病，属于乙类传染病，但采取甲类传染病的预防、控制措施。目前传染源主要是新冠病毒感染的患者，主要传播途径是经呼吸道飞沫和密切接触传播，在相对封闭的环境中通过气溶胶传播。新冠病毒潜伏期为1~14天，多数为3~7天。临床典型表现为发热、干咳、乏力，少数患者伴有鼻塞、流涕、咽痛、肌痛和腹泻等症状，部分儿童及新生儿病例症状表现为呕吐、腹泻等消化道症状或仅表现为精神萎靡、呼吸急促。

新冠肺炎的预防措施主要有以下几点。

（1）发现或怀疑新冠肺炎病例时，应尽快向卫生防疫机构报告。做到早发现、早报告、早隔离、早治疗。

（2）新冠肺炎疫情期间减少大型集会或活动，保持公共场所空气流通，做好环境消毒。

（3）保持良好的个人卫生习惯，不随地吐痰。

（4）有咳嗽、咽痛、流涕、发热等症状，应及时就诊。

（5）做好个人防护，佩戴口罩，避免与人近距离接触。出门或接触其他物品后，应及时洗手。

（6）均衡饮食，增强抵抗力，适当进行体育锻炼。

（7）积极完成疫苗接种。

第二节　非传染性疾病防控

非传染性疾病又称慢性病，往往持续时间比较长，一般无传染性。非传染性疾病的主要类型包括心血管疾病（如心脏病及中风）、癌症、慢性呼吸系统疾病（如慢性阻塞性肺部疾病和哮喘），以及糖尿病等。

据世界卫生组织统计，非传染性疾病每年导致约 4 000 万人死亡，相当于全球总死亡人数的 70%。其中，心血管疾病引起的非传染性疾病死亡人数最多，其次是癌症、呼吸系统疾病，以及糖尿病，这四类疾病占所有非传染性疾病死亡人数的 80%。在我国，每年超过 80% 的死亡是由非传染性疾病引起的。

一、非传染性疾病的特点

虽然非传染性疾病种类繁多，但都具有以下共同特点。

（1）病因复杂，发病与多个行为因素有关。

（2）潜伏期较长，没有明确的患病时间。

（3）病程长，随着疾病的发展，表现为功能进行性受损或失能，对健康损害严重。

（4）很难彻底治愈，表现为不可逆性。

二、容易导致非传染性疾病的主要危险因素

1. 可改变的行为危险因素

非传染性疾病是一类与不良行为和生活方式密切相关的疾病。吸烟、缺乏运动、不健康饮食，以及过度饮酒等都会增加罹患非传染性疾病的风险，但这些行为是可以改变的。

2. 代谢性危险因素

代谢性危险因素会促发高血压、超重（肥胖）、高血糖（血糖浓度升高）和高脂血症（血液中脂肪含量高）等多种主要代谢功能改变，从而增加患非传染性疾病的风险。

3. 精神因素

长期的精神紧张、情绪激动及各种应激状态也会导致非传染性疾病的发生。

三、非传染性疾病的防控措施

1. 选择健康的生活方式

非传染性疾病多是由于长期不健康的生活方式造成的。戒烟、限酒、合理膳食、进行适当的运动、保持心情愉悦，能降低多种非传染性疾病的发生概率。

吸烟是人类健康的大敌。烟草是许多疾病的致病因素。烟草中含有大约 1 200 种化合物，绝大多数对人有害。其中毒性最大的是烟碱，又叫尼古丁。20 支香烟的尼古丁可以毒死一头牛，使人致死的尼古丁剂量为 50~75 mg，一个人每天吸 20~25 支烟，就可以达到这个剂量，只是由于尼古丁是逐渐进入人体并逐渐解毒的，不会立即致死。

吸烟的人和不吸烟的人相比较，肺癌发病率增加 10~50 倍，冠心病发病率增加 2~3 倍，慢性气管炎发病率增加 2~8 倍，口腔癌发病率增加 3 倍。吸烟者不但损害自身的健康，吸烟时产生的二手烟还会给不吸烟者造成危害。

为了减少和消除烟草危害，保障公众健康，创造良好的工作和生活环境，提高社会文明程度，很多城市颁布了控烟条例。条例规定，在公共场合禁止吸烟，尤其是幼儿园、学校等场所，无论室内、室外都禁止吸烟。每年 5 月 31 日是世界无烟日，其意义是宣传不吸烟的理念，让人们充分认识到烟草的危害，为了自己和他人的健康戒除烟瘾，远离烟草。

戒除烟瘾的方法有以下六种。

（1）戒烟应从现在开始，逐渐减少吸烟次数。

（2）丢掉所有的香烟、打火机、火柴和烟灰缸。

（3）避免参与容易诱发吸烟的活动。

（4）餐后喝水、吃水果或散步，摆脱“饭后一支烟”的想法。

（5）烟瘾来时，立即做深呼吸，或咀嚼无糖分的口香糖，避免用零食代替香烟，否则会引起血糖升高，身体过胖。

（6）坚决拒绝香烟的诱惑，经常提醒自己，“再吸一支烟”足以令戒烟的计划前功尽弃。

2. 提升健康意识，定期体检

在体检中通过监测体重、血压、血糖和血脂等各项指标，对异常指标早发现、早治疗，能降低非传染性疾病的发病率、致残率和死亡率。

四、青少年期常见非传染性疾病及预防

青少年期常见的非传染性疾病包括龋齿、近视、单纯性肥胖、缺铁性贫血等。

1. 龋齿

龋齿也叫蛀牙，俗称虫牙，被世界卫生组织列为仅次于心血管疾病和癌症的第三大非

传染性疾病。

龋齿对青少年的危害很大。在成年以前，若龋洞较大、损伤牙神经，进食时会出现疼痛，造成咀嚼功能降低、营养吸收不良，影响生长发育。龋齿可继发其他牙病，如牙髓炎、根尖炎等。由龋齿引起的根尖感染等，使身体抵抗力降低，可引起感染性疾病，如肾炎、扁桃体炎、心肌炎等，从而造成全身性感染。

龋齿的预防措施主要有以下几点。

（1）养成早晚刷牙、饭后漱口的好习惯。

（2）少吃酸性刺激食物，临睡前不吃糖和零食。

（3）少吃含糖高的食物，如糖、巧克力、饼干等。

（4）不吃太多的过于坚硬的食物。

（5）加强体育锻炼，定期检查口腔。

（6）食物应多样化，增加富含钙、无机盐等食物的摄入，多吃高膳食纤维食物。婴幼儿还应多吃耐咀嚼的食物。

2. 近视

近视是屈光不正的一种，俗称近视眼，被列为世界三大疾病之一。

近视对青少年的危害很大。近视患者视物模糊、眼睛干涩酸痛，甚至头晕，造成学习效率降低。近视患者易缺乏自信，影响心理健康发展。在升学就业中，因部分专业、就业岗位对视力有一定要求，造成升学就业受限。父母都是高度近视的，子女近视的比例近乎是100%，影响下一代。

近视的预防措施主要有以下几点。

（1）坚持做眼保健操。坚持做，动作穴位准确，可以起到预防和治疗近视的作用。

（2）注意用眼卫生。培养良好的阅读书写习惯，读写姿势应保持"一尺、一拳、一寸"，读写连续用眼时间不宜超过40 min，室内照明光线应适当，合理使用电子产品。

（3）合理安排生活。保证足够的休息、睡眠，注意个人卫生，增加户外活动和锻炼，注意合理膳食营养，增强体质和抗病能力。

（4）定期检查视力。发现视力问题，及时就医。

（5）学校和家庭的学习环境应符合标准，如学校课桌椅应按学生身高配置，并定期调换座位，光线照明合理等。

3. 单纯性肥胖

单纯性肥胖是由于长期摄入超过人体需要的能量，使体内脂肪过度积聚、体重超过参考值范围的一种营养障碍性疾病。

单纯性肥胖对青少年的危害很大。肥胖是以身体脂肪含量增多为特征的疾病，不仅影响身体健康，如引起骨关节疾病、影响呼吸系统功能，还易并发脂肪肝、高脂血症、动脉硬化、痛风及2型糖尿病等疾病。

单纯性肥胖的预防措施主要有以下几点。

（1）均衡膳食，养成健康的饮食习惯。一日三餐按时进食，每顿饭以八九成饱为宜；避免不吃早餐或晚餐过饱；不吃夜宵；少吃零食，控制高脂肪副食品摄入量；减慢进食速度等。

（2）坚持体育锻炼，保持健康的生活方式。

4. 缺铁性贫血

青少年贫血常见的是缺铁性贫血，是一种营养性贫血。一般贫血症状为面色苍白或萎黄、容易疲劳、全身无力、心慌、头痛等。

缺铁性贫血对青少年的危害很大。对消化系统造成危害，如食欲减退，呕吐、腹泻。对神经系统造成危害，如精神烦躁不安或萎靡不振，注意力不集中，记忆力减退，影响智力发展。对心血管系统造成危害，如心率增快，严重者心脏扩大，甚至发生心力衰竭。还可使免疫功能降低，常合并感染。

缺铁性贫血的预防措施主要有以下几点。

（1）注意膳食合理搭配，做到膳食均衡，不偏食，不挑食，多摄入含铁丰富且铁吸收率高的食物。

（2）进餐时和饭后食入含维生素 C 及有机酸的食物和饮料，促进铁的吸收。

（3）定期检测血常规、粪常规，及时治疗引起慢性失血的疾病。

第八章　心理健康

第一节　心理健康常识

一、心理健康的含义

心理健康是现代人健康不可分割的重要方面，是一种持续且积极发展的心理状态，在这种状态下，人体能作出良好的适应，并且充分发挥其身心潜能。

与心理健康相对应的是心理亚健康、心理障碍等心理问题。近年来，心理问题已经成为危害我国青少年身心健康的一大突出问题。我国青少年中约有35%左右的人存在着障碍性心理表现，由于心理问题导致的悲剧也时有发生。世界卫生组织断言：没有任何一种灾难比心理障碍给人带来的痛苦更深重，加强对青少年进行心理健康教育势在必行。

二、青少年心理健康的标准

根据我国青少年的实际情况，结合多方面观点，将青少年心理健康标准归纳为以下几条。

1. 乐于学习

青少年处于人生的黄金时期，应该把求知、增长才干看成是一种人生乐趣。要努力学习，刻苦钻研，自觉完成学习任务，由"好学"发展为"乐学"。

2. 心理特点与年龄相符

青少年是人生精力最旺盛、思维最敏捷、情感最活跃的时期。这个时候青少年的认识、情感、言行、举止应基本符合年龄特点，即形成自我意识，成人感出现，性心理意识萌芽，表现出独立性，情感易波动，兴趣广泛，好交朋友等。

3. 会与他人相处

能够在学校、家庭生活中，很好地处理与同学、朋友及老师的关系，建立互尊、互爱、互重、互助的人际关系。在群体中受欢迎并有自己的朋友，并能够保持和发展融洽、和谐的关系。

4. 善于适应环境

热爱生活、热爱集体，有现实的人生目标和社会责任感。对挫折和失败具有较高的承受力，具有正常的自我防御机制。

5. 情绪愉快而稳定

情绪稳定、乐观，能适度表达和控制情绪，保持良好的心境状态。

6. 正确悦纳自己

心理健康的青少年，一般都能准确、客观、全面地认识自己、评价自己。既要看到自己的优点，也能发现自己的不足，并能积极主动地去改变它。

7. 善于自我调节

青少年处于心理发展的过渡期，在从不成熟向成熟过渡的过程中会遇到很多矛盾。由于青少年的人格发展还不成熟，认识水平还不够高，在生活中遇到不幸、挫折或意想不到的问题时，心理上难免会产生挫折感、失落感，容易失去自控能力。善于自我调节是自我保护、避免心理损伤的重要手段，也是青少年心理健康的重要标志。

第二节　常见心理问题与心理维护

一、青少年常见心理问题与心理障碍

"让你疲惫的不是连绵不断的群山，而是你鞋子里的一粒沙子。"这句话描述的是爬山时一粒沙子的阻碍。同样，在心理问题上，一粒"沙子"未及时倒出，也容易形成心理障碍，影响青少年的健康成长。

1. 青少年常见心理问题

（1）适应问题。如新生入校、学生毕业后到新的工作岗位时，面对新的生活环境、生活条件、人际关系，以及因学习和工作方式、方法等的变化带来的不适应。

（2）学业问题。在造成青少年情绪波动的因素中，学习因素排在比较重要的位置。青少年在重视学业的同时，也增加了心理压力。

（3）交往的困惑。青少年的社交范围不断扩大，但在交往中常常因各种原因遇到挫折，如室友之间的矛盾。

（4）恋爱与性心理问题。青少年的恋情还比较幼稚，随着性的发展成熟以及性意识的萌发，容易酿成苦果或造成彼此伤害。

（5）就业、择业等问题。青少年在择业时可能会出现急于求成、盲目攀比、消极依赖、悲观迷茫等情绪；在工作中可能会遇到如何正确处理与同事、上司之间的关系，如何合理规划自己职业生涯等现实问题。

2. 不良心理特征

不良心理特征包括自卑、逆反、孤独、嫉妒、惧怕、自私、享乐等。这些心理特征如果不能及时得到解决，那么会引起一系列的心理疾病。

（1）自卑心理。部分青少年由于学习成绩不好，屡犯错误，无论在家庭还是在学校，他们受到的批评多于表扬、指责多于鼓励、惩罚多于引导，于是自认为低人一等，变得心灰意懒、萎靡不振、自暴自弃、消极颓废，形成一种"我不如人"的自卑心理。还有部分青少年并不是其本身具有某些缺陷与短处，而是不能悦纳自己，自惭形秽，常觉得自己低人一等，进而演绎成觉得别人也看不起自己，并由此陷入不可自拔的痛苦境地，心灵笼罩愁云。他们缺乏自信心，优柔寡断，无竞争意识，享受不到成功的快乐。

（2）逆反心理。由于年龄的特点，不少青少年辨别是非的能力较差、疑虑心理重，往往不能正确对待家长的良苦用心、老师的批评教育，对正面宣传做反面思考，对榜样及先进人物无端否定，对不良倾向产生情感认同，对积极要求消极抵抗。

（3）孤独心理。一些青少年很少和别人交往，常常一个人背着大家独自活动，寡言少语，他们的内心孤独、郁闷。青少年的孤独心理大致有以下几种情况。

1）境遇型的孤独。一旦因升学、转学，置身于一个陌生的环境中，由于适应能力较差，缺乏主动交往的能力和意向，便成为一名孤独者。

2）自我封闭型的孤独。有的学生因为家庭生活拮据，成绩较差，自信心不足，便把自己封闭在狭小的个人天地里。也有的学生因为其父母是干部、大老板，或自己成绩较好，就居高临下，不愿意和别人沟通，不愿意坦露自己的心扉。

3）行为方式型的孤独。现在很多青少年是独生子女，他们从小到大总是以独处的方式生活、学习，难于了解别人，也难于让别人了解自己，因而感到孤独。

4）性格自傲型的孤独。有的青少年自高自大、自命清高、孤芳自赏，因而形成孤独心理。

（4）嫉妒心理。嫉妒是因他人的优越地位而产生的不愉快情感。由于看到别人的长处，自己却无力或不愿改变现状，于是就会对对方表示不满、愤恨，甚至加以伤害。

（5）惧怕心理。惧怕心理是青少年健康成长过程中一个不小的障碍，往往会决定一个人一生的命运。就青少年群体来说，存在着处于群体上游的优秀者惧怕被赶超、处于中游的惧怕掉队、处于下游的感到前途无望等现象。一旦惧怕惯了，性格上往往就过于胆怯和羞涩，进而产生心理障碍。长此以往便会处处小心，事事戒备，缺乏自信心和主动性。在学习和生活中，也常常会表现为随大流，缺乏闯劲和创新精神。

（6）自私心理。一些青少年只沉湎于自我实现和个人奋斗中，处处都以自己为核心，遇到稍不顺心的事就大发脾气，或触犯到个人一点点利益就斤斤计较，对集体麻木不仁，对社会漠不关心。在处事中，只能别人关心他，从不主动关心别人。

（7）享乐心理。求享乐、图安逸、摆阔气、高消费的不良风气在不少青少年身上都有所体现，他们认为享乐是社会发展到今天的必然结果，认为艰苦奋斗精神已经跟不上时代发展，与他们这一代人毫不相干。

他们在行为上的具体表现有以下三个方面。

1）不爱劳动，怕脏怕累，稍干一点体力活就叫苦不迭。

2）好吃零食，零花钱多，日常消费高。

3）衣着讲究，相互攀比，喜好穿名牌服装。

3. 青少年常见心理障碍

（1）精神病性障碍。此类障碍属于严重的心理障碍，大多数患者在患病期间对自己的异常表现失去自我辨知能力，不承认自己有病，一般不会主动求治。属于这类障碍的有精神分裂、偏执性精神病、反应性精神病等。

（2）心境障碍。心境障碍又称情感障碍，是以明显而持久的心境高涨或心境低落为主的心理障碍，并有相应的思维和行为的改变。属于这类障碍的有狂躁症、抑郁症等。

1）狂躁症。主要表现为情绪高涨、易怒、精力旺盛，同时语言增多、思维奔逸、行为亢奋。症状严重者会使工作、学习、劳动能力受损，社交能力受损，给别人造成危险或不良后果。

当发现有以下特征时，可能有躁狂症相关倾向。

①心境高涨或易怒，感觉自己能量很强，精力充沛到好像能做很多事。

②自尊心膨胀，比平时更健谈，或者必须要一直不停地讲话。

③睡眠需求减少，但白天仍然精力充沛。

④感觉头脑里充满各种各样的想法，但注意力很容易被转移，无法集中。

⑤不计后果地参加可能引起严重后果的高风险活动，比如冲动性的疯狂购物、轻率危险的性行为和不理智的商业投资等。

2）抑郁症。主要表现为自我评价低，对前途悲观失望，自卑和自责，精神不振，不愿与人交往。长期的抑郁使人学习动机丧失、失眠、食欲降低，严重的会产生轻生念头，甚至自杀。

当发现有以下特征时，要警惕抑郁症相关的倾向。

①发现自己大部分时间感到悲伤、空虚、无望，或频繁流泪。

②对于什么事都提不起兴趣，对以前喜欢的活动或事物都提不起劲。

③好像丧失了感受快乐和幸福的能力，任何事都无法让自己开心起来。

④发现饮食或睡眠受到影响，吃不下去饭或暴饮暴食，睡不着或睡不好。

⑤反应变慢或常常坐立不安，注意力不集中，犹豫不决，每天都很疲劳。

⑥记忆力减退，思维速度缓慢。

⑦认为自己毫无价值，常常无理由地感觉内疚、自责、自卑。

⑧甚至出现伤害自己或自杀的想法及行为。

（3）神经性障碍和癔症。此类障碍主要表现为烦恼、紧张、焦虑、恐惧、强迫、多疑等症状。障碍的起因常与心理社会因素有关。属于这类障碍的有恐怖症、焦虑症、强迫症、躯体形式障碍等。癔症又称歇斯底里症，是一种分离障碍，通常患者会将自己扮演成另一个想象中的角色，完全忘记自己原来的身份。

1）焦虑症。焦虑是学生严重的心理问题之一，是指个体对当前预计到的对自尊心有潜在威胁的情境所产生的一种担心、紧张或忧虑为特点的情绪反应。

当发现有以下特征时，可能有焦虑症相关倾向。

①持续长时间对学习和生活中的许多事情都表现出过分的焦虑和担心（通常超过3个月以上）。

②即使发现自己反应过度，却难以控制，并为此而痛苦。

③感到坐立不安、激动、紧张，容易疲倦，注意力难以集中或头脑空白，肌肉紧张，容易受到激惹。

④发现饮食或睡眠受到影响，吃不下去饭或暴饮暴食，睡不着或睡不好。

⑤排除其他疾病而引起的身体不适，如口干、消化不良、胸闷、呼吸困难、心慌、耳鸣、头晕眼花、肌肉疼痛等。

2）强迫症。主要特征是强迫观念和强迫行为。强迫观念是反复出现的持久的想法、冲动或画面；强迫行为是反复出现的动作（如强迫洗手、排序、检查等）或思维化的强迫行为（计数、默念等）。

当发现有以下特征时，可能有强迫症相关倾向。

①感觉自己持续地反复出现一些侵入性和不必要的想法，有某种冲动，令自己感到显著的焦虑或痛苦。

②极力控制自己忽略或者压抑重复的想法、冲动或者用其他想法和行为来中和，却仍然控制不住，为此十分苦恼。

③不受控制地反复出现某些想法或行为，这些重复性的想法和行为可以暂时缓解焦虑。比如，会重复清洗、排序、核对、祈祷、计数、检查、触摸、重复念某词等行为。但是这些重复性的想法和行为已经远超过必要范围且不受控制，并且对工作生活造成不利影响。

（4）反应性精神障碍。反应性精神障碍又称应激相关障碍，主要是由突发生活事件、剧烈精神创伤或者持续困难处境引起的，表现为巨大刺激后的心理失常，如急性应激障碍、创伤后应激障碍和适应障碍。

（5）心理生理障碍。心理生理障碍又称心理因素相关的生理障碍，指由某些心理原因导致的生理问题，如进食障碍、睡眠障碍、性功能障碍。

进食障碍主要表现为进食行为异常、对事物及体重和体型过分关注。进食障碍主要分为神经性厌食和神经性贪食。神经性厌食主要表现为拒食或过分节食；神经性贪食主要表现为短时间内摄入大量食物，进食时常避开人。

当发现有以下特征时，可能有进食障碍倾向。

1）刻意减少进食等热量摄入和增加运动消耗，造成明显的低体重和（或）营养不良。

2）通过限制进食、过度锻炼、滥用药物、催吐等行为达到自己的理想体重。

3）对瘦无休止地追求和对胖有病态的恐惧。

4）情绪受到明显的影响，被抑郁、焦虑、强迫等心理所困扰。

二、日常心理健康与维护

"你无法改变环境，却可以改变心境；你不能左右别人，却可以改变自己；你不能改变容貌，却可以展现笑容。"每个人一生中都会遇到各种各样的挫折和困难，有时候只要换个角度思考问题，往往眼前就会豁然开朗，一切问题都变得迎刃而解。当我们遇到各种心理问题时，不妨考虑用以下方法调节自己的心境。

1. 自我心理调适

（1）激发学习兴趣。学生要端正学习动机，调动学习的主动性和积极性，解决具体困难和问题；在观念上实现转变，学会自主学习，由"要我学"变为"我要学"；树立终身学习的理念，适应网络时代的教学模式，做自主学习的主人。

（2）增强自信心。人在后天的成长过程中因某种经历会变得胆怯、害羞。在日常生活、学习中，我们要树立自信，积极克服沮丧和困难，昂首挺胸、阔步向前。

（3）做事要先易后难。当你面临很多难题的时候，采取一些方法和策略，如先从最容易解决的问题下手。有了成果，就会有信心，成果越多、越大，信心也就会更足、更强。

（4）走出自我中心，帮助别人，快乐自己。以自我为中心的人总是不能换位思考，凡事只希望满足自己的需要，要求人人为己，也不容易理解他人的痛苦和烦恼。在人际交往中，我们要学会尊重、关心、帮助他人，多为他人着想、服务。这样既可以消除自己的烦恼，又可以获得别人的回报，既能够感受到帮助别人的快乐，又能体会到人生的价值与幸福。

（5）尝试当配角。一个人如果总是好自我表现，干什么都抛头露面，那就会忙碌不堪。尝试甘当配角，就会感到时间充裕，享受从紧张中解脱出来的乐趣。

（6）宽以待人。不要对别人要求过高，让别人一定要按照你的要求和想法去做。当别人有错误时，不要得理不饶人，对别人的批评要恰当、适度，给别人一个考虑和反省的机会。否则，会增加自己的烦恼、愤怒、焦虑等消极情绪。

（7）学会示弱，给对方机会。与人相处时，不必处处争先，学会给对方表现自己的机会。这样做可以避免因人际关系紧张而使自己烦恼、苦闷。

（8）及时有效地沟通。人与人相处，离不开沟通。有效沟通能消除误解，真诚沟通有助于拉近心与心之间的距离，及时沟通可以减少障碍，促进关系和谐发展。在日常生活、学习中，我们与他人相处时，要做到及时有效地沟通，构建良好的人际关系。

（9）管理情绪，增强自控能力。常见情绪问题一般通过自我调适可以得到有效缓解，下面介绍几种方法。

1）转移法。当你的心理状态出现问题时，要尽快将自己的注意力转移到那些最有意义、最能使你感到自信和愉快的事情上去。"忘我"地热衷于一件你可以干的事情，如专心致志地写字、绘画、运动、逛街、吃美食等。这样就可以把苦闷、烦恼、愤怒、忧愁、焦虑等情绪转移掉。

2）宣泄法。在内心充满烦恼和忧虑时，可以找你所信任的、谈得来的、头脑冷静的人交谈，这个人可以是老师、家长、同学或朋友，也可以是心理医生，把你的喜怒哀乐尽情地向他倾吐，也可以通过写信、记日记等形式宣泄出心里的痛苦。在极度悲伤时，可以寻找适宜的环境或场所尽情地痛哭一场，释放压抑感，以求精神上的轻松和平静，不让内心寄存任何消极、不良情绪。

3）放松法。选择一个舒服的姿势坐好，缓慢地进行呼吸（腹式呼吸），鼻腔吸气，嘴巴呼气；头脑中想象所有的压力和负面情绪都随着呼气排出身体的画面。

2. 心理咨询服务的利用

青少年生理和心理发展的不平衡性、不稳定性和可塑性使我们极易受到外界因素的影响，从而产生心理上的巨大变化。青少年时期是心理变化最激烈、最不平静的阶段，此时心理健康与身体健康同样重要。如果出现心理问题，要及时向老师、同学以及学校心理咨询中心求助，帮助自己处理心理问题，做好心理调适，更好地幸福成长。

（1）正确对待心理咨询。许多同学对心理咨询存在误解，认为有病的人才会去做心理咨询。其实，心理咨询既可以服务心理困扰的群体，也可以服务心理正常的群体。适合接受心理咨询服务的人群包括：①精神正常，但遇到了与心理有关的现实问题并请求帮助的人群；②精神正常，但心理健康水平较低，产生心理障碍导致无法正常学习、工作、生活并请求帮助的人群；③特殊对象，即有临床症状或潜在性的精神病患者。心理咨询的主要任务是帮助来访者化解各类心理问题，提高心理素质，使其更加健康、愉快、有意义地生活。

（2）需要心理咨询的情况。当出现下列情况时，要及时寻求专业心理咨询师的指导，一起面对困难，寻求解决方法。如生活中遇到有重大选择而犹豫不决；学习压力过大，难以自行调节；对环境适应困难；经受挫折后，精神一蹶不振；过分自卑，经常感到心情压抑；在社交方面感觉有障碍（如怯懦、自我封闭、不知如何处理人际冲突等）；与亲属、朋友等人际关系不和睦，渴望通过指导改善关系；患有某种身体疾病，对此产生心理压力。

在日常学习和生活中，我们有各种喜怒哀乐、忧愁烦恼。当自己无法摆脱烦恼时，可以及时向心理咨询师寻求帮助，向他们倾诉自己的困惑，更快地解开心结，获得心灵慰藉，更好地适应生活。

三、心理应激及应对

心理应激是指人遭遇到对自身至关重要而又难以应付的重大变化或威胁时，产生的身体和心理层面的一系列反应的总和。产生应激的原因主要包括人们在日常生活中经历的各种生活事件、突然的创伤性体验以及慢性紧张，例如工作压力、家庭矛盾、车祸、失业、亲人的离世、重大疾病等。

心理应激会给我们带来不同的影响。适度的应激能促进我们成长，获得更多的经验，更好地生存和发展。但如果应激的强度超过了个体所能承受的能力范围，那我们可能就会出现各种不良的生理和心理反应。

1. 常见的应激反应表现

（1）行为层面。主要表现为做事的活动力增加或减少；很难交流；易怒易争吵；没办法休息或放松；经常哭泣；高度警惕，过度担忧；过度回避那些会勾起负面回忆的地点。

（2）身体层面。主要表现为肠胃不舒服、拉肚子、便秘、反酸；头痛，其他身体部位酸痛；视觉障碍；体重减轻或增加；出汗或发冷；容易被吓到，易紧张；慢性疲劳、失眠、早醒、睡眠浅、多梦；免疫力下降。

（3）情绪层面。最常见的是焦虑、抑郁、恐惧和愤怒的情绪；有的人会出现愧疚、自责的情绪；有的人可能会否认现实，好像什么也没发生一样；有的人可能会表现出冷漠。

（4）思维层面。主要表现为记忆力变差；失去方向；时常感到困惑；想事情的时候脑子好像变迟钝了；注意力不容易集中；无法决定事件的优先顺序；很难做决定；想问题容易走极端，失去客观性。

（5）社交层面。主要表现为愿意一个人待着，不愿意出去社交；会责备自己，感觉自己很渺小很无力；难以给予他人帮助或难以接受帮助；无法享受乐趣，无法忍受任何娱乐，甚至以前觉得享受的活动现在都失去了兴趣。

轻度应激反应不影响日常生活；中度应激反应会影响身体、情感和认知功能，一般在一周内症状会逐渐消失；重度应激反应可能会持续 4~6 周。如果上述症状有几项并持续超过 1 个月，影响到日常生活和人际关系，应及时寻求专业帮助。

2. 心理应激的应对

当心理应激发生时，每个人都会采用不同的方式去应对它。如生活作息紊乱、回避社交、借酒浇愁、过度工作、暴饮暴食、过度消费、沉迷于电视网络游戏等，这些都是消极的应对方式。这些消极的应对方式虽然能一时缓解痛苦，但会让人逃避问题，后期可能会带来更严重的心理困扰。面对心理应激，我们应采取积极的应对方式来解决问题，重新适应学习、生活，获得成长。常见的积极应对方式有以下几个方面。

（1）接纳自己的情绪。理解和接纳自己当前的状态，不必刻意压抑或否定出现的负面情绪，告诉自己这些情绪和反应是很自然的，会随着时间的推移而消退。同时也要时刻保持自我观察，如果负面情绪已经严重影响到正常生活和身心健康，则要引起重视、进行调节。

（2）给情绪宣泄通道。人的负面情绪被抑制会降低免疫系统的功能，身体更容易出现问题，所以要及时宣泄情绪。可以向父母、老师、同学、朋友倾诉，获得安慰和支持；可以适度地参加运动，既能促进身体健康，又能改善情绪状态，减轻应激反应，消除疲劳；可以聆听一些轻松愉快的音乐，既能抚慰心灵的创伤，又能改变人的心境；可以哭泣，寻找适宜的环境或场所尽情地痛哭一场，释放不良情绪。

（3）自我关怀。当出现负面情绪时，我们可以回忆那些生活中快乐的事；可以查看那些鼓励、安慰自己的句子；可以用对待好友的方式对待自己，想象当好友处在这种境遇中，你会怎样安慰他、支持他，会为他做些什么，可以把这些话说给自己听，为自己做这些事。

（4）保持规律的生活。不要因为应激事件的发生而打乱原本的生活，应激发生前的生活规律和学习、工作状态要尽可能保留。在条件允许的情况下，要尽可能保持应激发生前的生活和学习习惯。

（5）修正不合理的想法。应激发生后，要及时记录那些引起负面情绪的想法，如果这些想法过于绝对、夸大、片面、主观，要尝试去修正。

（6）使用身心放松法。常见的方法有呼吸放松法、渐进性肌肉放松法、着陆技术、蝴蝶抱、正念冥想等。应激状态下，我们的呼吸容易变得浅而急促，肌肉会不由自主地紧绷起来。有意识地让呼吸变得缓慢而深长，让身体各个部位的肌肉松弛下来，可以帮助我们从紧张状态中获得放松、平复情绪。

（7）寻求专业帮助。如果自我调节无效，要及时寻求专业医生或心理咨询师的帮助。

第九章　学生实习安全

技工院校学生为更好地掌握技能，必须完成一定的生产实践学习任务。为规范和加强学生实习工作，维护学生、学校和实习单位的合法权益，提高技能人才培养质量，增强学生社会责任感、创新精神和实践能力，学校要按照相关法律法规、规章、安全文明生产等有关要求，做好技工院校学生的实习安全教育工作。

第一节　学生实习有关规定

实习安全教育是指对学生进行安全思想、安全知识、安全技能的宣传、教育和培训。全体师生要牢固树立"安全第一，预防为主"的思想，努力强化安全意识，认真学习有关安全知识，学好各项实习操作规程，通过不断实践训练，充分掌握安全技术知识，提升安全作业技能，从而顺利实现实习教学的最终目的。

一、法律知识

《中华人民共和国安全生产法》的宗旨是为了加强安全生产工作，防止和减少生产安全事故，保障人民群众生命和财产安全，促进经济社会持续健康发展。2021 年 6 月 10 日，中华人民共和国第十三届全国人民代表大会常务委员会第二十九次会议通过《全国人民代表大会常务委员会关于修改〈中华人民共和国安全生产法〉的决定》，自 2021 年 9 月 1 日起施行。在这部法律中，规定了从业人员的权利和义务。

1. 生产经营单位应当对从业人员进行安全生产教育和培训，保证从业人员具备必要的安全生产知识，熟悉相关的安全生产规章制度和安全操作规程，掌握本岗位的安全操作技能，了解事故应急处理措施，知悉自身在安全生产方面的权利和义务。未经安全生产教育和培训合格的从业人员，不得上岗作业。

2. 生产经营单位接收中等职业学校学生实习的，应当对实习学生进行相应的安全生产教育和培训，提供必要的劳动防护用品。学校应当协助生产经营单位对实习学生进行安全生产教育和培训。

3. 生产经营单位采用新工艺、新技术、新材料或者使用新设备，必须了解、掌握其安全技术特性，采取有效的安全防护措施，并对从业人员进行专门的安全生产教育和培训。

4. 生产经营单位不得以任何形式与从业人员订立协议，免除或者减轻其对从业人员因生产安全事故伤亡依法应承担的责任。

5. 生产经营单位的从业人员有权了解其作业场所和工作岗位存在的危险因素、防范措施及事故应急措施，有权对本单位的安全生产工作提出建议。

6. 从业人员有权对本单位安全生产工作中存在的问题提出批评、检举、控告，有权拒绝违章指挥和强令冒险作业。

7. 生产经营单位不得因从业人员对本单位安全生产工作提出批评、检举、控告或者拒绝违章指挥和强令冒险作业而降低其工资、福利等待遇或者解除劳动合同。

8. 从业人员发现直接危及人身安全的紧急情况时，有权停止作业或者在采取可能的应急措施后撤离作业场所。

9. 从业人员在作业过程中，应当严格遵守本单位的安全生产规章制度和操作规程，服从管理，正确佩戴和使用劳动防护用品。

10. 从业人员应当接受安全生产教育和培训，掌握本职工作所需的安全生产知识，提高安全生产技能，增强事故预防和应急处理能力。

11. 从业人员发现事故隐患或者其他不安全因素，应当立即向现场安全生产管理人员或者本单位负责人报告，接到报告的人员应当及时予以处理。

二、学生实习安全管理基本要求

学校在学生实习前都要开展安全教育，要求学生严格遵守，具体包括以下几方面的内容。

1. 遵守国家法律、社会公德和校纪校规，以及实习单位的规章制度，遵守实习纪律，言行不能有损学生形象。

2. 要服从实习单位指导教师的管理。对存在安全隐患的工作应向实习单位及时提出。遵守交通法规，注意交通安全，外出时应选择正规运营的交通工具。

3. 遵守实习单位的保密规定。

4. 严格遵守实习的作息时间，实习期间不得擅自离开实习地点外出。若有事需外出，应尽量集体出发、集体返回。

5. 在实习期间，学生必须提高安全防范意识，提高自我保护能力，注意自身的人身和财物安全，防止各种事故的发生。发生突发事件或重大情况应及时向指导教师或学校报告，不得拖延。

6. 学生在校外实习期间，要严格遵守实习单位安全纪律和操作规程，使用和操作各种材料和设备时，要先了解它们的特点、性能、操作要领，要严格遵守有关人员示范的操作规程，并在他们的指导下进行操作。

7. 由于实习过程中存在诸多不确定因素，职业学校和实习单位应根据国家有关规定，为实习学生投保实习责任保险。责任保险范围应覆盖实习活动的全过程，包括学生实习期间遭受意外事故及由于被保险人疏忽或过失导致的学生人身伤亡、被保险人依法应承担的责任，以及相关法律费用等。

8. 学生在校外集中实习期间，中途因身体不适等原因需要返校者，必须有人陪护。在活动结束后，途中需要回家的学生，必须办理请假手续并由带队教师同家长取得联系。单独回家的同学安全到家后，要及时打电话告知带队教师。

三、实习实验技术安全

1. 在进行实习实验操作前，要提前学习了解相关安全知识，对不按操作规程操作所造成的严重后果有所了解，要严格按照仪器设备操作规程进行操作。

2. 在进行涉及高压、强电、易燃、易爆、剧毒等实验时，要严格按照国家、企业和学校有关规定执行。从事上述实习实验的学生，必须进行安全技术培训，经考核合格后方可独立操作。

3. 在进行实习实验时，要严格执行劳动保护规章制度，特别是在高温、低温、辐射、病菌、噪声、毒性、激光、粉尘等对人体有害的环境，更要提高劳动保护意识，做好自身防护，不发生损害身体事件。

四、实习安全事故应急处理注意事项

实习实验室一旦发生安全事故，要保持镇定，确定发生事故类型，及时拨打相应的报警电话，并立即向有关管理人员报告。致电求助时应说明事故地点、事故性质和严重程度，以及本人姓名、位置和联系电话。

发生紧急事故时，应按下列先后次序进行处置：保护人身安全，保护公共财产，保护技术资料。

【案例】某技工学校饭店服务专业学生李某在某宾馆实习，突然发现宾馆5楼棋牌室起火，立即拨打"119"火警电话。"119"指挥中心接到报警后，立即抽调7辆消防车、34名消防队员赶赴现场，经过一个小时的扑救，明火才被扑灭。

造成这次火灾的直接原因是该宾馆5楼棋牌室西北墙照明灯头与照明电源线连接处发生松动，致使局部过热引燃室内的可燃物。火灾共烧毁客房4间、仓库2间，以及室内电器、家具等，直接财产损失2万多元。由于学生李某及时报警，使该宾馆免于遭受更大的经济损失。

第二节　校外实习有关规定

一、校外实习的形式

技工院校学生实习，是指技工院校学生按照专业培养目标要求和人才培养方案安排，由学校安排或者经学校批准自行到企事业单位（以下称实习单位）进行专业技能培养的实践性教育教学活动，包括认识实习、跟岗实习和顶岗实习等形式。认识实习、跟岗实习由学校安排，学生不得自行选择。学生在实习单位的实习时间根据专业人才培养方案确定，顶岗实习一般为 6 个月。

1. 认识实习

认识实习是指学生由学校组织到实习单位参观、观摩和体验，形成对实习单位和相关岗位初步认识的活动。

2. 跟岗实习

跟岗实习是指不具有独立操作能力、不能完全适应实习岗位要求的学生，由学校组织到实习单位的相应岗位，在专业人员指导下，部分参与实际辅助工作的活动。

3. 顶岗实习

顶岗实习是指初步具备实践岗位独立工作能力的学生，到相应实习岗位相对独立参与实际工作的活动。

技工院校学生实习是实现技工教育培养目标、增强学生综合能力的基本环节，是教育教学的核心部分，应当科学组织、依法实施，遵循学生成长规律和职业能力形成规律，保护学生合法权益；应当坚持理论与实践相结合，强化校企协同育人，将职业精神养成教育贯穿学生实习全过程，促进职业技能与职业精神高度融合，服务学生全面发展，提高技术技能人才培养质量和就业创业能力。

二、校外实习规定

1. 技工院校应当会同实习单位制订学生实习工作具体管理办法和安全管理规定、实习学生安全及突发事件应急预案等文件。

技工院校应对实习工作和学生实习过程进行监管，充分运用现代信息技术，构建实习信息化管理平台，与实习单位共同加强实习过程管理。

2. 学生参加跟岗实习、顶岗实习前，技工院校、实习单位、学生三方应签订实习协议。协议文本由当事方各执一份。未按规定签订实习协议的，不得安排学生实习。认识实习按照一般校外活动有关规定进行管理。

技工院校与实习单位就学生参加跟岗实习、顶岗实习和学徒培养达成合作协议的，应当签订学校、实习单位、学生三方协议，并明确学校与实习单位在保障学生合法权益方面的责任。实习单位应当依照相关法律法规保障顶岗实习学生或者学徒的基本劳动权益，并按照有关规定及时足额支付报酬，任何单位和个人不得克扣。

3. 实习协议应明确各方的责任、权利和义务，协议约定的内容不得违反相关法律法规。实习协议应包括但不限于以下内容。

（1）各方基本信息。

（2）实习的时间、地点、内容、要求与条件保障。

（3）实习期间的食宿和休假安排。

（4）实习期间劳动保护和劳动安全、卫生、职业病危害防护条件。

（5）责任保险与伤亡事故处理办法，对不属于保险赔付范围或者超出保险赔付额度部分的约定责任。

技工院校和实习单位应根据有关规定，为实习学生投保实习责任保险。技工院校、实习单位应当在协议中约定为实习学生投保实习责任保险的义务与责任，健全学生权益保障和风险分担机制。

4. 未满18周岁的学生参加跟岗实习、顶岗实习，应取得学生监护人签字的同意书。

5. 学生自行选择实习单位的顶岗实习，应在实习前将实习协议提交所在技工院校，未满18周岁学生还需要提交监护人签字的同意书。

6. 技工院校和实习单位要依法保障实习学生的基本权利，并不得有下列情形。

（1）安排、接收一年级在校学生顶岗实习。

（2）安排未满16周岁学生跟岗实习、顶岗实习。

（3）安排未成年学生从事《未成年工特殊保护规定》中禁止从事的劳动，如粉尘作业、有毒作业，工作中需要长时间保持低头、弯腰、下蹲等强迫体位和动作频率每分钟大于50次的流水线作业等。

（4）安排实习的女学生从事《女职工劳动保护特别规定》中禁止从事的劳动，如矿山井下作业，体力劳动强度分级标准中规定的第四级体力劳动强度的作业，每小时负重6次以上、每次负重超过20 kg的作业，或者间断负重、每次负重超过25 kg的作业。

（5）安排学生到酒吧、夜总会、歌厅、洗浴中心等营业性娱乐场所实习。

（6）通过中介机构或有偿代理组织、安排和管理学生实习工作。

7. 除相关专业和实习岗位有特殊要求，并报上级主管部门备案的实习安排外，学生跟岗和顶岗实习期间，实习单位应遵守国家关于工作时间和休息休假的规定，并不得有以下情形。

（1）安排学生从事高空、井下、放射性、有毒、易燃易爆，以及其他具有较高安全风险的实习。

（2）安排学生在法定节假日实习。

（3）安排学生加班和夜班。

8. 技工院校要和实习单位相配合，建立学生实习信息通报制度，在学生实习全过程中，加强安全生产、职业道德、职业精神等方面的教育。

9. 技工院校安排的实习指导教师和实习单位指定的专人应负责学生实习期间的业务指导和日常巡视工作，定期检查并向技工院校和实习单位报告学生实习情况，及时处理实习中出现的有关问题，并做好记录。

10. 技工院校组织学生到外地实习，应当安排学生统一住宿；具备条件的实习单位应为实习学生提供统一住宿。技工院校和实习单位要建立实习学生住宿制度和请销假制度。学生申请在统一安排的宿舍以外住宿的，须经学生监护人签字同意，由学校备案后方可办理。

11. 对违反学生实习管理规定组织学生实习的技工院校，由主管部门责令改正。拒不改正的，对直接负责的主管人员和其他直接责任人依照有关规定给予处分。因工作失误造成重大事故的，应依法依规对相关责任人追究责任。

对违反上述规定和违反实习协议的实习单位，技工院校可根据情况调整实习安排，并根据实习协议要求实习单位承担相关责任。

12. 对违反学生实习管理规定安排，介绍或者接收未满16周岁学生跟岗实习、顶岗实习的，由人力资源社会保障部门依照《禁止使用童工规定》进行查处；构成犯罪的，依法追究刑事责任。

第三节 校外专业实习注意事项

一、学生入厂教育

按照安全生产的要求，新入厂实习学生通常在实习期前都要进行三级安全教育，主要内容包括以下几个方面。

1. 厂级安全教育

（1）厂级安全教育应讲解党和国家有关安全生产的方针、政策、法令、法规，讲解劳动保护的意识、任务、内容及基本要求。

（2）介绍本企业的安全生产情况，包括企业安全发展史，企业生产特点，企业设备分布，特种设备的性能、作用、分布和注意事项，以及主要危险和要害部位。

（3）介绍安全生产一般防护知识、电气和机械方面的安全知识。

（4）介绍企业的安全生产规章制度、安全生产组织机构，以及企业内设置的各种警告标志和信号装置等。

（5）介绍企业典型事故案例和教训。

（6）介绍抢险、救灾、救人常识，以及工伤事故报告程序等。

此外，还要要求学生遵守操作规程和劳动纪律，不得擅自离开工作岗位，不违章作业，不随便出入危险区域及要害部位，注意劳逸结合，正确使用劳动防护用品等。

2. 车间级安全教育

各车间有不同的生产特点和不同的要害部位、危险区域和设备。因此，在进行本级安全教育时，主要介绍本车间生产特点和性质。

（1）车间主要工作及作业中安全技术要求。

（2）车间的生产方式及工艺流程。

（3）车间人员结构、安全生产组织及活动情况。

（4）车间危险区域、特种作业场所、有毒有害岗位情况。

（5）车间事故多发部位、原因及相应的特殊规定和安全要求。

（6）车间安全生产规章制度和劳动防护用品穿戴要求及注意事项。

（7）车间常见事故和对典型事故案例的剖析。

（8）车间安全生产、文明生产的经验与问题等。

3. 班组级安全教育

（1）本班组的生产特点、危险区域、设备状态、消防设施等，高温高压、易燃易爆、腐蚀、有毒有害、高空作业等可能导致事故发生的危险因素。

（2）本班组容易出事故的部位和典型事故案例的剖析。

（3）讲解本职业（工种）的安全操作规程和岗位责任、使用的机械设备及有关安全注意事项、工具的性能、防护装置的作用和使用方法。

（4）讲解本职业（工种）安全操作规程和岗位责任。

（5）重视安全生产，自觉遵守安全操作规程，不违章作业。

（6）讲解爱护和正确使用机械设备和工具的注意事项；介绍各种安全活动、作业环境的安全检查和交接班制度，以及发生事故或发现事故隐患时的报告制度和采取的措施。

（7）讲解正确使用和保管劳动防护用品的方法、文明生产的要求，重点讲解安全操作要领。

二、技工院校典型专业实习注意事项

1. 机械类专业实习

机械类专业实习是技工院校一门专业性技能型的实践课程，参加学生人数众多，安全隐患的种类也很多。例如，操作靠电力驱动的设备有触电的危险，易燃易爆气体及压力容器有爆炸的危险，手工电弧焊有辐射的危险。其中，最容易出现危险的是各种各样的机械损伤。机械类专业实习应注意的基本事项有以下几点。

（1）实习时要穿便于工作的工作服，大袖口要扎紧，衬衫要系入裤内。女同学要戴安全帽，并将发辫放入帽内。严禁穿拖鞋、凉鞋、背心、短裤等进入车间。

【**案例**】某机械加工厂一名女工在操作车床时严重违反安全规定，未戴工作帽，致使长发被旋转的工件缠绕，造成严重伤害事故。

（2）应在指定的机床上进行实习，其他机床、工具或电器开关等均不得乱动。不准戴手套工作，不准用手摸正在运行的工件或刀具。变速、换刀、换工件或测量工件时，都必须停车；停车时不得用手去制动车床卡盘或铣床刀杆。

【**案例**】在机床加工操作过程中，操作者戴手套工作，违反安全规定，手套及手臂被旋转的工件缠绕，发生事故。

（3）开动机床前，要检查机床周围有无障碍物、各操作手柄位置是否正确、工件及刀具是否已夹持牢固等。开车后不准离开机床，如果确需离开，必须停车。

（4）两人操作一台机床时，应分工明确，相互配合。在开车时必须注意另一人的安全，不要站在切屑飞出的方向，以免伤人。

（5）工作中如果机床发出不正常声音或发生事故，应立即停车，保持现场状况，并报告企业的有关师傅、指导老师。

（6）在使用电焊机之前，应检查电焊机与开关外壳接地是否良好。焊接时必须穿好工作服，戴好工作帽和电焊手套，工作鞋和电焊手套保持干燥。焊接时为了防止其他人员受弧光伤害，工作场地应使用屏风板。切勿用手接触刚焊好的高温焊件，应使用钳子夹持高温焊件。敲击清理焊渣时，注意防止高温焊渣飞入眼内或烫伤皮肤。

【案例】电焊场所违反安全规定，电焊时有其他人员在场，而工作场地未按规定使用屏风板，造成其他人员眼睛灼伤。

（7）操作者必须熟悉、了解、掌握机床的机械性能、电气性能，开机前检查其是否符合工作要求，各按键、仪表、手柄及运动部位是否正常，注好油，检查好程序，开机、关机一定要按照机床说明书的规定操作。

2. 电工电子类专业实习

（1）进入电工电子类实习基地，不允许戴项链、手链，不许穿拖鞋，长发要盘起，衣服要穿整齐，电工实习必须穿绝缘鞋。

（2）在实习过程中要严格执行安全操作技术规程，听从指挥。未经许可，不得擅自合闸送电；接通电源后，若有异常现象，应立即切断电源；切断电源后，方可进行维修或检查故障。

（3）实习操作过程中，保持双手干燥。在检查和排除电路故障前，要用测量工具检查电路是否带电，严禁用手触摸。

（4）特殊情况下带电操作或登高作业，旁边必须安排专人监护。

（5）学会正确使用各种电工工具。使用工具前，要仔细检查工具绝缘部分是否损坏，以免触电伤人；实习时要将工具箱放在安全区域；工具用后要及时放入工具箱，不要随手乱放，更不允许放置在高处，导线线头、螺钉或其他配件放在专门区域，不要随意丢弃。

（6）严格遵守"先接线后通电""先断电后拆线"的操作顺序。接通电源或启动电机时，应先通知本组人员。

（7）严禁用身体接触电路中不绝缘的金属导线或接线端等带电部分。当天实习任务结束后，将所有实验设备、仪器仪表和导线放回原位，且经企业有关师傅或指导教师验收后，方可离开。

3. 汽车类专业实习

（1）实习开始前，应摘掉手表、项链，脱去宽松的衣服，换上实习服装，长头发应挽入工作帽内。

（2）保持实习场地通风良好，确保车间通向安全出口的通道畅通，消防器材齐备，实习场地地面和通道上的油污要清洁干净。

（3）多人作业时，启动运转设备或机器前，必须事先发出启动操作信号，并确认安全后方可启动。机器设备运行时，身体及衣服应远离转动部件。

（4）按正确的方法使用状态良好的工具，使用后应立即清理。

（5）使用汽车举升机时，应严格按照举升机的操作规程进行作业。

（6）使用千斤顶顶起车辆，并且需要在车辆底部检查作业时，必须使用木块等支垫。

（7）使用手动液压机时，注意将工件朝压力方向放平，工件斜置时可能会在压力的作用下进出。

（8）使用电钻时不要戴手套，被钻工件要用夹具固定好，避免工件转动伤人。

（9）使用砂轮机时，不要磨塑胶，以免破坏砂轮引发事故，操作时必须精神集中。

（10）汽车整车实训时，确保点火开关处于关闭位置，操作另有要求的除外。

（11）汽车在停车工作时，应施加制动。如果是自动变速器车辆，除非特定操作要求置于其他挡位，否则应将变速杆置于空挡位；如果是手动变速器车辆，除非特定操作要求置于其他挡位，应将变速杆置于倒挡（发动机关闭时）或空挡（发动机运转时）。

（12）严禁靠近高温金属件，更不能接触。

（13）双手及其他物体不得接触风扇叶片。应确保电源完全断开后，才能在风扇附近进行工作。

（14）许多制动器摩擦片含有石棉纤维，在对制动器部件进行作业时，应戴防护口罩，避免吸入石棉纤维粉尘。

4. 化工类专业实习

生产实习教学必须经过三级安全教育和专业培训，熟悉安全生产规章制度和安全操作规程。化工类专业实习的危险大致有以下几个方面因素：①易燃、易爆、易腐蚀、有毒、有害等危险化学物质多；②高温高压设备、电气设备多；③生产工艺非常复杂，操作过程要求十分严格；④工艺、设备、技术状况不稳定，隐患多。

化工类专业学生生产实习应注意以下基本事项。

（1）生产人员要坚守岗位，精心操作，服从调度，听从指挥，有权拒绝违章指挥。

（2）禁止脱岗、串岗、睡岗和做与岗位无关的事。

（3）必须严格执行生产厂区严禁吸烟的规定，禁止将烟火带入生产区。电气焊作业前必须办理动火手续，并配灭火器，清理周围易燃物品，专人看火，否则不允许进行焊接作业。

（4）严格执行工艺规程，禁止超温超压，禁止超负荷运行。

（5）不得擅自更改工艺指标，更不能在系统上进行试验性操作。

（6）生产中凡遇到危及人身、设备安全，或可能发生火灾、爆炸事故等紧急情况时，操作人员有权先停车后报告。

（7）禁止在下列场所逗留：在运转的起重设备下面，有毒气体、酸类管道、容器下面，易发生碎片和粉尘的工作场所，正在进行焊接工作的场所，正在进行金属物件探伤的区域。

（8）要掌握预防中毒的有关知识、发生事故后的急救方法，对防护器材和消防器材要做到懂性能、会使用、会保管。

（9）禁止在车间的操作现场堆放沾有溶剂的棉纱、破布、废油等易燃物品。现场严禁烘烤衣物和食品。

（10）在对易燃或可燃液体操作时，工作服及防护器具配备必须符合安全操作要求。严禁穿着易燃或可燃液体浸过的工作服到有明火作业的现场。

（11）对规格性能不明的材料，禁止使用。

（12）厂内的各种用水，在未辨明用途前，禁止饮用或洗手。

【案例】　某职业技术学院学生于某到校外实习时，发生了一起因违规操作导致的安全事故。于某在实验室做芳基乙炔聚合实验，用蜡油油浴。实验结束前 1 h，在没有采取切实可靠的安全措施情况下，于某离开实验室，之后油浴温度升高，直至发生爆炸，并产生大量烟雾。

5. 建筑类专业实习

（1）凡进入施工现场作业前，应穿好工作服，戴好安全帽，系好安全带，并带全与本工种有关的其他防护用品。施工现场不准穿拖鞋、凉鞋，不准赤脚或穿短裤，不准带闲杂人员进入施工现场。

（2）在施工现场内行走时，应注意来往车辆和各种警示信号，严禁跨越正在运转的机电设备，卷扬机的钢丝绳、拖拉绳，以及其他危险物；不能在起吊重物下面停留或穿行。

（3）不准擅自乱动和拆除施工现场的各种管线、阀门、开关、电气线路、机电设备等各种安全防护措施，以及各种安全标志和警示牌。

（4）高处作业人员必须穿好工作服，袖口、裤脚口要扎紧，戴好安全帽，禁止穿硬底鞋、带钉易滑鞋、凉鞋、拖鞋和高跟鞋。安全带应拴挂在牢固的挂点上。高处作业应走作业通道或爬梯，不准攀爬脚手架、起重吊臂、绳索，严禁搭乘运料的吊篮上下。遇暴风雨、大雪、大雾、大风等恶劣天气，应停止作业。